"十四五"普通高等院校公共课程类系列教材

线性代数

许文翠◎主　编
李　楠　杨积凤　梁树星　陈　忠◎副主编

中国铁道出版社有限公司
CHINA RAILWAY PUBLISHING HOUSE CO., LTD.

内 容 简 介

本书针对应用型本科和高等职业院校学生的学习特点，适当地减弱了理论上的深度和难度，内容浅显易懂。全书共七章，分别为行列式、矩阵、向量组的线性相关性、线性方程组、相似矩阵、二次型、投入产出数学模型。每章配有小结、习题和测试题，可供学生复习和检验学习效果使用。

本书适合应用型本科和高等职业院校理工类和经管类专业学生学习使用。

图书在版编目(CIP)数据

线性代数/许文翠主编．—北京：中国铁道出版社有限公司，2022.6

“十四五”普通高等院校公共课程类系列教材

ISBN 978-7-113-29443-4

Ⅰ.①线… Ⅱ.①许… Ⅲ.①线性代数-高等学校-教材 Ⅳ.①O151.2

中国版本图书馆 CIP 数据核字(2022)第 125449 号

书　　名：**线性代数**

作　　者：许文翠

策　　划：潘星泉　　**编辑部电话**：(010)51873090

责任编辑：潘星泉　徐盼欣

封面设计：刘　颖

责任校对：苗　丹

责任印制：樊启鹏

出版发行：中国铁道出版社有限公司(100054，北京市西城区右安门西街 8 号)

网　　址：http://www.tdpress.com/51eds/

印　　刷：三河市兴达印务有限公司

版　　次：2022 年 6 月第 1 版　2022 年 6 月第 1 次印刷

开　　本：710 mm×1 000 mm 1/16　**印张**：9.75　**字数**：190 千

书　　号：ISBN 978-7-113-29443-4

定　　价：28.00 元

前　言

线性代数是普通高等院校理工类和经管类专业学生的一门重要基础课，可以培养学生将自然科学、工程基础和专业知识运用到复杂的计算工程问题的能力。这门课程比较抽象，学生学习有一定的难度，对于应用型本科和高等职业院校的学生难度更大。目前，适合应用型本科和高等职业院校学生学习的线性代数教材较少，本书针对应用型本科和高等职业院校学生特点编写，既满足教学要求，又符合应用型本科和高等职业院校学生的特点。

本书适当地减弱了理论上的深度和难度，在介绍一些重要的概念和定理时，通过实例引导学生理解概念和定理的内容，使学生更容易掌握学习内容。本书语言通俗易懂，内容循序渐进。为便于学生解题，书中例题较多，其中较为重点的类型题给出解题步骤，易于自学。本书第7章给出了投入产出数学模型，介绍了有关的线性代数基本知识，为经管类学生学习提供帮助，同时也给出理工类学生学习经济类数学模型的新方法。每章配有本章小结，对本章内容进行知识总结，使学生在学习本章内容后有比较完整的理论体系。每章配有测试题，便于学生学习复习和检验学习效果。

本书由许文翠任主编，李楠、杨积凤、梁树星、陈忠任副主编。具体编写分工如下：许文翠编写第1章、第2章、第3章和第6章，李楠编写第4章和第5章，杨积凤编写第7章，梁树星和陈忠编写习题参考答案部分。本书由许文翠统稿和定稿。

由于编写时间仓促，加之编者水平有限，书中不妥与疏漏之处在所难免，敬请广大读者批评指正。

编　者

2022年4月

目　　录

第 1 章

行　列　式

学习目标：

(1)理解二、三阶行列式的定义.

(2)理解 n 阶行列式的定义，元素 a_{ij} 的余子式、代数余子式的定义.

(3)掌握行列式的性质.

(4)掌握行列式计算的基本方法，并能熟练计算二、三、四阶行列式的值，会计算简单的 n 阶行列式.

(5)理解克拉默法则，并会运用克拉默法则解线性方程组.

解方程是代数中的一个基本问题，在中学代数中，我们解过二元、三元以至四元一次方程组.本章介绍行列式的一些基本概念、性质，并以行列式作为工具求解线性方程组.

1.1　二阶行列式和三阶行列式

1.1.1　二阶行列式

对于二元线性方程组

$$\begin{cases} a_{11}x_1+a_{12}x_2=b_1 \\ a_{21}x_1+a_{22}x_2=b_2 \end{cases}, \tag{1-1}$$

如果 $a_{11}a_{22}-a_{12}a_{21}\neq 0$ 时，则由加减消元法，方程组(1-1)有唯一解，其解可表示为

$$\begin{cases} x_1=\dfrac{b_1a_{22}-a_{12}b_2}{a_{11}a_{22}-a_{12}a_{21}} \\ x_2=\dfrac{a_{11}b_2-b_1a_{21}}{a_{11}a_{22}-a_{12}a_{21}} \end{cases}. \tag{1-2}$$

由式(1-2)可以看出，二元线性方程组的唯一解由未知数的系数与常数项确定。式(1-2)的分母是两个未知数的系数乘积的差，为简便，将方程组(1-1)的系数按原来的顺序排好，并在两边各加一竖线，用记号

$$\begin{vmatrix} a_{11} & a_{12} \\ a_{21} & a_{22} \end{vmatrix}$$

来表示 $a_{11}a_{22}-a_{12}a_{21}$，即

$$\begin{vmatrix} a_{11} & a_{12} \\ a_{21} & a_{22} \end{vmatrix}=a_{11}a_{22}-a_{12}a_{21}. \tag{1-3}$$

定义 1.1 式(1-3)的左端称为二阶行列式. 它是由 2×2 个数组成，并且按照一定顺序排列而成的一个算式，其结果为 $a_{11}a_{22}-a_{12}a_{21}$，又称二阶行列式的展开式.

二阶行列式的横排称为行；纵排称为列；a_{ij} $(i=1,2;j=1,2)$ 称为二阶行列式的元素或元；第一个下标 i 称为行标，表明该元素位于第 i 行；第二个下标 j 称为列标，表明该元素位于第 j 列.

例 1 计算下列行列式.

(1) $\begin{vmatrix} 1 & 2 \\ 2 & 3 \end{vmatrix}$；(2) $\begin{vmatrix} 2 & 3 \\ 1 & 4 \end{vmatrix}$；(3) $\begin{vmatrix} a & b \\ b & a \end{vmatrix}$.

解 (1) $\begin{vmatrix} 1 & 2 \\ 2 & 3 \end{vmatrix}=1\times3-2\times2=3-4=-1.$

(2) $\begin{vmatrix} 2 & 3 \\ 1 & 4 \end{vmatrix}=2\times4-3\times1=8-3=5.$

(3) $\begin{vmatrix} a & b \\ b & a \end{vmatrix}=a\times a-b\times b=a^2-b^2.$

下面，讨论二元线性方程组与二阶行列式的关系.

不难发现，式(1-2)的分子分别可表示为

$$D_1=\begin{vmatrix} b_1 & a_{12} \\ b_2 & a_{22} \end{vmatrix}=b_1a_{22}-a_{12}b_2,\quad D_2=\begin{vmatrix} a_{11} & b_1 \\ a_{21} & b_2 \end{vmatrix}=a_{11}b_2-b_1a_{21}.$$

记

$$D=\begin{vmatrix} a_{11} & a_{12} \\ a_{21} & a_{22} \end{vmatrix}=a_{11}a_{22}-a_{12}a_{22}.$$

为二元线性方程组(1-1)的系数行列式，则方程组(1-1)的解，在 $D\neq0$ 的条件下可表示为

$$x_1=\frac{D_1}{D},\quad x_2=\frac{D_2}{D}. \tag{1-4}$$

式(1-4)中，x_1 的分子 D_1 是用常数项 b_1、b_2 替换 D 中的系数 a_{11}、a_{21} 所得的二阶行列式；x_2 的分子 D_2 是用常数项 b_1、b_2 替换 D 中的系数 a_{12}、a_{22} 所得的二阶行列式.

例 2 解二元线性方程组

$$\begin{cases}3x_1+2x_2=7\\4x_1-x_2=2\end{cases}.$$

解 因为

$$D=\begin{vmatrix}3 & 2\\4 & -1\end{vmatrix}=3\times(-1)-2\times4=-3-8=-11\neq0,$$

$$D_1=\begin{vmatrix}7 & 2\\2 & -1\end{vmatrix}=7\times(-1)-2\times2=-7-4=-11,$$

$$D_2=\begin{vmatrix}3 & 7\\4 & 2\end{vmatrix}=3\times2-7\times4=6-28=-22,$$

所以,二元线性方程组的解为

$$\begin{cases}x_1=\dfrac{D_1}{D}=\dfrac{-11}{-11}=1\\x_2=\dfrac{D_2}{D}=\dfrac{-22}{-11}=2\end{cases}.$$

1.1.2 三阶行列式

定义 1.2 记号

$$\begin{vmatrix}a_{11} & a_{12} & a_{13}\\a_{21} & a_{22} & a_{23}\\a_{31} & a_{32} & a_{33}\end{vmatrix} \tag{1-5}$$

称为三阶行列式,它是由 3^2 个数排成的一个三行三列的并在左右两边各加一竖线的算式,定义其值为

$$a_{11}a_{22}a_{33}+a_{12}a_{23}a_{31}+a_{13}a_{21}a_{32}-a_{11}a_{23}a_{32}-a_{12}a_{21}a_{33}-a_{13}a_{22}a_{31} \tag{1-6}$$

式(1-6)称为三阶行列式(1-5)的展开式.

观察三阶行列式的展开规律,展开式有六项,每项由不同行不同列的三个数的乘积组成,有三项取正号,有三项取负号,其规律如图 1-1 所示.

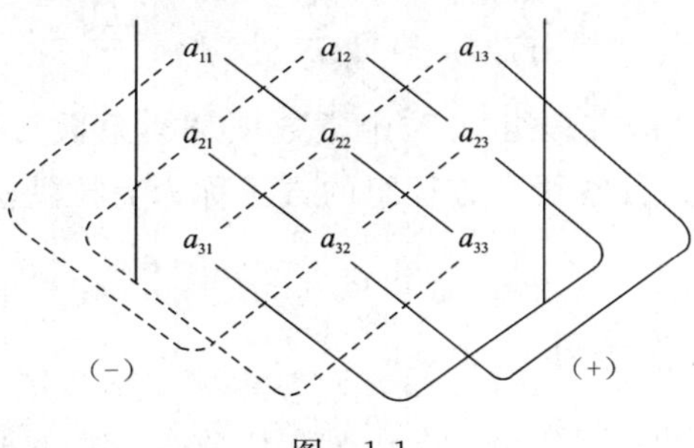

图 1-1

图 1-1 中实线连接的方向为主对角线方向，虚线连接的方向为次对角线方向，也就是说，三阶行列式的值为主对角线方向上的不同行不同列元素之积的和减去次对角线方向上不同行不同列元素之积的和，这种方法称为对角线法则.

位于三条实线上三个元素的乘积冠正号，位于三条虚线上三个元素的乘积冠负号.

例 3 计算三阶行列式

$$D=\begin{vmatrix}1 & 1 & 3\\ 2 & 5 & 1\\ 3 & 2 & 1\end{vmatrix}.$$

解 应用对角线法则，有

$$\begin{aligned}D&=1\times5\times1+1\times1\times3+3\times2\times2-3\times5\times3-1\times2\times1-1\times1\times2\\&=5+3+12-45-2-2\\&=-29.\end{aligned}$$

类似于二元一次线性方程组的情形，对于三元一次线性方程组

$$\begin{cases}a_{11}x_1+a_{12}x_2+a_{13}x_3=b_1\\ a_{21}x_1+a_{22}x_2+a_{23}x_3=b_2,\\ a_{31}x_1+a_{32}x_2+a_{33}x_3=b_3\end{cases}\tag{1-7}$$

记系数行列式为

$$D=\begin{vmatrix}a_{11} & a_{12} & a_{13}\\ a_{21} & a_{22} & a_{23}\\ a_{31} & a_{32} & a_{33}\end{vmatrix}.$$

如果 $D\neq0$，设

$$D_1=\begin{vmatrix}b_1 & a_{12} & a_{13}\\ b_2 & a_{22} & a_{23}\\ b_3 & a_{32} & a_{33}\end{vmatrix},\quad D_2=\begin{vmatrix}a_{11} & b_1 & a_{13}\\ a_{21} & b_2 & a_{23}\\ a_{31} & b_3 & a_{33}\end{vmatrix},\quad D_3=\begin{vmatrix}a_{11} & a_{12} & b_1\\ a_{21} & a_{22} & b_2\\ a_{31} & a_{32} & b_3\end{vmatrix}$$

则方程组(1-7)有唯一解

$$x_1=\frac{D_1}{D},\quad x_2=\frac{D_2}{D},\quad x_3=\frac{D_3}{D}$$

式中，D_1、D_2、D_3 是分别由方程组(1-7)中常数项替换系数行列式 D 中的第 1、2、3 列元素而成的行列式，这种解线性方程组的方法称为克拉默法则，我们将在 1.4 节做详细介绍.

1.1.3 三阶行列式的展开

为了讲述行列式的展开，先引入余子式和代数余子式的概念.

定义 1.3　在三阶行列式(1-5)中划去元素 $a_{ij}(i=1,2,3;j=1,2,3)$ 所在的第 i 行和第 j 列的所有元素，剩下的元素按原次序构成的二阶行列式称为元素 a_{ij} 的余子式，记作 M_{ij}；$(-1)^{i+j}M_{ij}$ 称为元素 a_{ij} 的代数余子式，记作 A_{ij}，即

$$A_{ij}=(-1)^{i+j}M_{ij}.$$

例如，三阶行列式(1-5)中元素 a_{32} 的余子式是 $M_{32}=\begin{vmatrix} a_{11} & a_{13} \\ a_{21} & a_{23} \end{vmatrix}$，元素 a_{32} 的代数余子式是 $A_{32}=(-1)^{3+2}M_{32}=-\begin{vmatrix} a_{11} & a_{13} \\ a_{21} & a_{23} \end{vmatrix}$.

定理 1.1　(拉普拉斯定理)三阶行列式 D 的值等于它任意一行(列)的各元素与其对应的代数余子式乘积之和，即

$$\begin{aligned} D&=a_{11}A_{11}+a_{12}A_{12}+a_{13}A_{13} \\ &=a_{21}A_{21}+a_{22}A_{22}+a_{23}A_{23} \\ &=a_{31}A_{31}+a_{32}A_{32}+a_{33}A_{33} \\ &=a_{11}A_{11}+a_{21}A_{21}+a_{31}A_{31} \\ &=a_{12}A_{12}+a_{22}A_{22}+a_{32}A_{32} \\ &=a_{13}A_{13}+a_{23}A_{23}+a_{33}A_{33} \end{aligned} \tag{1-8}$$

或简写为

$$D=\sum_{j=1}^{3}a_{ij}A_{ij}\quad (i=1,\ 2,\ 3)\text{(按行展开式)} \tag{1-9}$$

$$D=\sum_{i=1}^{3}a_{ij}A_{ij}\quad (j=1,\ 2,\ 3)\text{(按列展开式)} \tag{1-10}$$

下面对式(1-8)中第一个等式加以验证，其余证法相同.

$$\begin{aligned} D&=\begin{vmatrix} a_{11} & a_{12} & a_{13} \\ a_{21} & a_{22} & a_{23} \\ a_{31} & a_{32} & a_{33} \end{vmatrix} \\ &=a_{11}a_{22}a_{33}+a_{12}a_{23}a_{31}+a_{13}a_{21}a_{32}-a_{13}a_{22}a_{31}-a_{12}a_{21}a_{33}-a_{11}a_{23}a_{32} \\ &=a_{11}(a_{22}a_{33}-a_{23}a_{32})+a_{12}(a_{23}a_{31}-a_{21}a_{33})+a_{13}(a_{21}a_{32}-a_{22}a_{31}) \\ &=a_{11}\begin{vmatrix} a_{22} & a_{23} \\ a_{32} & a_{33} \end{vmatrix}-a_{12}\begin{vmatrix} a_{21} & a_{23} \\ a_{31} & a_{33} \end{vmatrix}+a_{13}\begin{vmatrix} a_{21} & a_{22} \\ a_{31} & a_{32} \end{vmatrix} \\ &=a_{11}M_{11}-a_{12}M_{12}+a_{13}M_{13} \\ &=a_{11}A_{11}+a_{12}A_{12}+a_{13}A_{13}. \end{aligned}$$

由定理 1.1 知，三阶行列式可以通过二阶行列式来计算，这种计算方法称为降阶法.

例 4　利用定理 1.1 计算下列三阶行列式.

(1) $\begin{vmatrix} 2 & 3 & -1 \\ 1 & -2 & 1 \\ 4 & -1 & 3 \end{vmatrix}$；　(2) $\begin{vmatrix} 1 & 2 & 0 \\ -1 & 3 & 2 \\ 3 & 1 & 3 \end{vmatrix}$；　(3) $\begin{vmatrix} 3 & 0 & 0 \\ 2 & 1 & 3 \\ 1 & 1 & 3 \end{vmatrix}$.

解

(1)
$$\begin{aligned}\begin{vmatrix} 2 & 3 & -1 \\ 1 & -2 & 1 \\ 4 & -1 & 3 \end{vmatrix} &= 2\times(-1)^{1+1}\begin{vmatrix} -2 & 1 \\ -1 & 3 \end{vmatrix} + 3\times(-1)^{1+2}\begin{vmatrix} 1 & 1 \\ 4 & 3 \end{vmatrix} + \\ &\quad (-1)\times(-1)^{1+3}\begin{vmatrix} 1 & -2 \\ 4 & -1 \end{vmatrix} \\ &= 2\times[(-2)\times3-(-1)\times1]+3\times(-1)\times(1\times3-1\times4)+ \\ &\quad (-1)\times[1\times(-1)-4\times(-2)] \\ &= 2\times(-5)+(-3)\times(-1)+(-1)\times7 \\ &= -10+3-7 \\ &= -14.\end{aligned}$$

(2)
$$\begin{aligned}\begin{vmatrix} 1 & 2 & 0 \\ -1 & 3 & 2 \\ 3 & 1 & 3 \end{vmatrix} &= 1\times(-1)^{1+1}\times\begin{vmatrix} 3 & 2 \\ 1 & 3 \end{vmatrix} + 2\times(-1)^{1+2}\begin{vmatrix} -1 & 2 \\ 3 & 3 \end{vmatrix} + 0 \\ &= 1\times(3\times3-2\times1)-2\times[(-1)\times3-2\times3] \\ &= 7+18 \\ &= 25.\end{aligned}$$

(3)由于第一行有两个零元素，所以按第一行展开.

$$\begin{vmatrix} 3 & 0 & 0 \\ 2 & 1 & 3 \\ 1 & 1 & 3 \end{vmatrix} = 3\times(-1)^{1+1}\times\begin{vmatrix} 1 & 3 \\ 1 & 3 \end{vmatrix} = 0.$$

思考题：

1. 计算二阶、三阶行列式的方法有几种？通过例 4 中第(3)题可以发现什么规律？

2. 余子式和代数余子式有什么特点？它们有什么区别？

1.2　n 阶行列式

由拉普拉斯定理可知，三阶行列式可以用二阶行列式来定义，同理，可以用这种方法定义四阶行列式，依此类推，假如定义了 $n-1$ 阶行列式，就可以定义 n 阶行列式.

1.2.1　n 阶行列式的定义

定义 1.4　记号

$$D=\begin{vmatrix} a_{11} & a_{12} & \cdots & a_{1n} \\ a_{21} & a_{22} & \cdots & a_{2n} \\ \vdots & \vdots & & \vdots \\ a_{n1} & a_{n2} & \cdots & a_{nn} \end{vmatrix} \tag{1-11}$$

称为 n 阶行列式. 它是由 n^2 个数排列而成的一个 n 行 n 列的并在左右两边各加一竖线的算式,其值定义为

$$D = a_{i1}A_{i1} + a_{i2}A_{i2} + \cdots + a_{in}A_{in} = \sum_{j=1}^{n} a_{ij}A_{ij} \tag{1-12}$$

(按第 i 行展开, $i=1, 2, \cdots, n$)

$$= a_{1j}A_{1j} + a_{2j}A_{2j} + \cdots + a_{nj}A_{nj} = \sum_{i=1}^{n} a_{ij}A_{ij} \tag{1-13}$$

(按第 j 列展开, $j=1, 2, \cdots, n$),

式中,数 a_{ij} 称为第 i 行、第 j 列的元素; $A_{ij}=(-1)^{i+j}M_{ij}$ 称为元素 a_{ij} 的代数余子式; M_{ij} 为由 n 阶行列式 D 划去第 i 行、第 j 列的元素后余下的元素构成的 $n-1$ 阶行列式,即元素 a_{ij} 的余子式.

1.2.2　行列式按行(列)展开定理

定理 1.2　[行列式按行(列)展开定理] n 阶行列式等于任意一行(列)所有元素与其对应的代数余子式的乘积之和,即

$$D = \sum_{j=1}^{n} a_{ij}A_{ij} \quad \text{或} \quad D = \sum_{i=1}^{n} a_{ij}A_{ij}.$$

依照展开定理,解如下例题.

例 1　计算四阶行列式

$$D=\begin{vmatrix} 1 & 0 & 0 & 2 \\ 0 & 1 & 2 & 0 \\ 0 & 2 & 1 & 0 \\ 2 & 0 & 0 & 1 \end{vmatrix}.$$

解　$D=1\times(-1)^{1+1}\times\begin{vmatrix} 1 & 2 & 0 \\ 2 & 1 & 0 \\ 0 & 0 & 1 \end{vmatrix}+2\times(-1)^{1+4}\begin{vmatrix} 0 & 1 & 2 \\ 0 & 2 & 1 \\ 2 & 0 & 0 \end{vmatrix}$

$$=1\times1\times(-1)^{3+1}\begin{vmatrix}1&2\\2&1\end{vmatrix}+2\times(-1)\times2\times(-1)^{3+1}\begin{vmatrix}1&2\\2&1\end{vmatrix}$$
$$=-3+4\times3$$
$$=9.$$

例 2 计算 n 阶行列式

$$D=\begin{vmatrix}a_{11}&a_{12}&\cdots&a_{1n}\\0&a_{22}&\cdots&a_{2n}\\\vdots&\vdots&&\vdots\\0&0&\cdots&a_{nn}\end{vmatrix}.$$

解 行列式按第一列展开.

$$D=a_{11}\times(-1)^{1+1}\times\begin{vmatrix}a_{22}&\cdots&a_{2n}\\0&\cdots&a_{3n}\\\vdots&&\vdots\\0&\cdots&a_{nn}\end{vmatrix}$$
$$=a_{11}\times a_{22}\times\cdots\times a_{nn}.$$

注意:此行列式在主对角线左下方的元素都是零,这样的行列式称为上三角形行列式,其值为主对角线上元素的乘积.

类似地,形如

$$\begin{vmatrix}a_{11}&0&\cdots&0\\a_{21}&a_{22}&\cdots&0\\\vdots&\vdots&&\vdots\\a_{n1}&a_{n2}&\cdots&a_{nn}\end{vmatrix}$$

即主对角线右上方的元素都为零的行列式称为下三角形行列式.上三角形行列式、下三角形行列式统称三角形行列式.

利用 n 阶行列式的展开定理可以证明

$$\begin{vmatrix}a_{11}&0&\cdots&0\\a_{21}&a_{22}&\cdots&0\\\vdots&\vdots&&\vdots\\a_{n1}&a_{n2}&\cdots&a_{nn}\end{vmatrix}=\begin{vmatrix}a_{11}&a_{12}&\cdots&a_{1n}\\0&a_{22}&\cdots&a_{2n}\\\vdots&\vdots&&\vdots\\0&0&\cdots&a_{nn}\end{vmatrix}=a_{11}a_{22}\cdots a_{nn}.$$

特别地,形如

$$\begin{vmatrix}a_{11}&0&\cdots&0\\0&a_{22}&\cdots&0\\\vdots&\vdots&&\vdots\\0&0&\cdots&a_{nn}\end{vmatrix}$$

即只有在主对角线上有非零元的行列式称为对角行列式，其值为 $a_{11}a_{22}\cdots a_{nn}$.

以上三种行列式的结果可以直接应用.

例 3　计算下列行列式.

$$(1)A=\begin{vmatrix}1&0&0&0\\1&2&0&0\\1&2&3&0\\1&2&3&4\end{vmatrix};\quad (2)B=\begin{vmatrix}2&0&\cdots&0\\0&2&\cdots&0\\\vdots&\vdots&&\vdots\\0&0&\cdots&2\end{vmatrix}.$$

解　(1)此行列式为下三角形行列式，故 $A=1\times2\times3\times4=24$.

(2)此行列式为对角行列式，故 $B=2\times2\times\cdots\times2=2^n$.

思考题：

1. 如何理解行列式的定义？

2. 上三角形行列式、下三角形行列式、对角行列式的特点是什么？其值是什么？

1.3　行列式的性质与计算

为了能深入地研究行列式，方便求出行列式的值，下面给出行列式的性质.

1.3.1　行列式的性质

先引入一个概念——转置行列式.

定义 1.5　把行列式 D 的行与相应的列互换，所得的行列式称为行列式 D 的转置行列式，记作 D^{T}. 例如：

$$D=\begin{vmatrix}a_{11}&a_{12}&\cdots&a_{1n}\\a_{21}&a_{22}&\cdots&a_{2n}\\\vdots&\vdots&&\vdots\\a_{n1}&a_{n2}&\cdots&a_{nn}\end{vmatrix},\quad D^{\mathrm{T}}=\begin{vmatrix}a_{11}&a_{21}&\cdots&a_{n1}\\a_{12}&a_{22}&\cdots&a_{n2}\\\vdots&\vdots&&\vdots\\a_{1n}&a_{2n}&\cdots&a_{nn}\end{vmatrix}.$$

由转置行列式的定义可得

$$(D^{\mathrm{T}})^{\mathrm{T}}=D.$$

即行列式 D 与 D^{T} 互为转置行列式.

性质 1.1　行列式与它的转置行列式的值相等，即 $D=D^{\mathrm{T}}$.

性质 1.1 说明行列式中对行成立的性质，对列也成立.

性质 1.2　交换行列式的任意两行(列)，行列式仅改变符号.

为方便起见，规定：

(1)交换行列式中 i、j 两行，记作 $r_i\leftrightarrow r_j$；

(2)交换行列式中 i、j 两列，记作 $c_i\leftrightarrow c_j$.

推论 1　如果行列式中有两行(列)的对应元素相同，则此行列式等于零.

性质 1.3 把行列式的某行(列)所有元素都乘以某一不等于零的数 k,等于用数 k 乘以该行列式.

例如:

$$\begin{vmatrix} ka_{11} & ka_{12} & ka_{13} \\ a_{21} & a_{22} & a_{23} \\ a_{31} & a_{32} & a_{33} \end{vmatrix} = k\begin{vmatrix} a_{11} & a_{12} & a_{13} \\ a_{21} & a_{22} & a_{23} \\ a_{31} & a_{32} & a_{33} \end{vmatrix}.$$

推论 2 如果行列式中有两行(列)的对应元素成比例,则此行列式等于零;如果行列式中某行(列)的所有元素为零,则行列式等于零.

例如:

$$\begin{vmatrix} 2 & 1 & 3 \\ 4 & 2 & 6 \\ -1 & 5 & 2 \end{vmatrix} = 0, \quad \begin{vmatrix} 1 & 2 & 3 \\ 0 & 0 & 0 \\ 4 & 5 & 6 \end{vmatrix} = 0.$$

为方便起见,规定:

(1)行列式的第 i 行乘以数 k,记作 kr_i;

(2)行列式的第 j 列乘以数 k,记作 kc_j.

性质 1.4 如果行列式中某行(列)的各个元素是二项之和,那么这个行列式等于两个行列式的和,即

$$\begin{vmatrix} a_{11} & a_{12} & \cdots & a_{1n} \\ \vdots & \vdots & & \vdots \\ b_{k1}+c_{k1} & b_{k2}+c_{k2} & \cdots & b_{kn}+c_{kn} \\ \vdots & \vdots & & \vdots \\ a_{n1} & a_{n2} & \cdots & a_{nn} \end{vmatrix} = \begin{vmatrix} a_{11} & a_{12} & \cdots & a_{1n} \\ \vdots & \vdots & & \vdots \\ b_{k1} & b_{k2} & \cdots & b_{kn} \\ \vdots & \vdots & & \vdots \\ a_{n1} & a_{n2} & \cdots & a_{nn} \end{vmatrix} + \begin{vmatrix} a_{11} & a_{12} & \cdots & a_{1n} \\ \vdots & \vdots & & \vdots \\ c_{k1} & c_{k2} & \cdots & c_{kn} \\ \vdots & \vdots & & \vdots \\ a_{n1} & a_{n2} & \cdots & a_{nn} \end{vmatrix}.$$

性质 1.5 把行列式的某一行(列)的每个元素都乘以同一数 k 后,再加到另一行(列)的对应元素,行列式的值不变.

为方便起见,规定:

(1)以数 k 乘第 j 行加到第 i 行上,记作 r_i+kr_j;

(2)以数 k 乘第 j 列加到第 i 列上,记作 c_i+kc_j.

性质 1.6 n 阶行列式等于任意一行(列)每个元素与其对应的代数余子式乘积之和.

这是上一节提到的行列式按行(列)展开定理.

有了行列式的性质,行列式的计算将会更方便,下面介绍行列式的计算.

1.3.2 行列式的计算

计算行列式的方法比较灵活,根据行列式的特点,一般的计算方法有以下几种:

(1)二、三阶行列式可根据对角线法则直接计算.

(2)利用行列式定义,将行列式展开.

(3)利用行列式性质将行列式化为上(下)三角形行列式.

(4)利用行列式性质将行列式的某一行(列)变出尽可能多的零元素,然后按该行(列)展开(依次降阶)计算.

例 1　计算行列式

$$\begin{vmatrix} 4 & 5 & 6 & 7 \\ 1 & 3 & 5 & 0 \\ 2 & 3 & 0 & 0 \\ 1 & 0 & 0 & 0 \end{vmatrix}.$$

解　这个行列式的特点是次对角线以下的元素都是零,只需分别交换 1、4 两列和 2、3 两列,即可将它化为上三角形行列式.

$$\begin{vmatrix} 4 & 5 & 6 & 7 \\ 1 & 3 & 5 & 0 \\ 2 & 3 & 0 & 0 \\ 1 & 0 & 0 & 0 \end{vmatrix} \xlongequal{c_1 \leftrightarrow c_4} -\begin{vmatrix} 7 & 5 & 6 & 4 \\ 0 & 3 & 5 & 1 \\ 0 & 3 & 0 & 2 \\ 0 & 0 & 0 & 1 \end{vmatrix} \xlongequal{c_2 \leftrightarrow c_3} \begin{vmatrix} 7 & 6 & 5 & 4 \\ 0 & 5 & 3 & 1 \\ 0 & 0 & 3 & 2 \\ 0 & 0 & 0 & 1 \end{vmatrix}$$

$$=7\times 5\times 3\times 1=105.$$

例 2　计算行列式

$$\begin{vmatrix} 1 & 2 & 3 & 4 \\ -1 & 3 & 2 & 1 \\ -1 & -2 & 1 & 3 \\ -1 & -2 & -3 & 2 \end{vmatrix}.$$

解　这个行列式的特点是第一行和第二行的和有一个 0,第一行和第三行的对应元素之和有两个 0,第一行和第四行的对应元素之和有三个 0.

$$\begin{vmatrix} 1 & 2 & 3 & 4 \\ -1 & 3 & 2 & 1 \\ -1 & -2 & 1 & 3 \\ -1 & -2 & -3 & 2 \end{vmatrix} \xlongequal{r_2+r_1} \begin{vmatrix} 1 & 2 & 3 & 4 \\ 0 & 5 & 5 & 5 \\ -1 & -2 & 1 & 3 \\ -1 & -2 & -3 & 2 \end{vmatrix} \xlongequal{r_3+r_1} \begin{vmatrix} 1 & 2 & 3 & 4 \\ 0 & 5 & 5 & 5 \\ 0 & 0 & 4 & 7 \\ -1 & -2 & -3 & 2 \end{vmatrix}$$

$$\xlongequal{r_4+r_1} \begin{vmatrix} 1 & 2 & 3 & 4 \\ 0 & 5 & 5 & 5 \\ 0 & 0 & 4 & 7 \\ 0 & 0 & 0 & 6 \end{vmatrix} = 1\times 5\times 4\times 6=120.$$

例 3 计算行列式

$$\begin{vmatrix} 1 & -2 & 1 \\ 1 & 3 & -2 \\ 2 & -1 & -1 \end{vmatrix}.$$

解 这个行列式没有显著特点,为了更好地展开行列式,我们找零元素.

$$\begin{vmatrix} 1 & -2 & 1 \\ 1 & 3 & -2 \\ 2 & -1 & -1 \end{vmatrix} \xlongequal[r_3-2r_1]{r_2-r_1} \begin{vmatrix} 1 & -2 & 1 \\ 0 & 5 & -3 \\ 0 & 3 & -3 \end{vmatrix} = \begin{vmatrix} 5 & -3 \\ 3 & -3 \end{vmatrix} = 5\times(-3)-(-3)\times 3=-6.$$

例 4 计算行列式

$$\begin{vmatrix} 1 & 2 & 3 & 4 \\ 1 & 0 & -1 & 2 \\ -1 & 1 & 2 & 0 \\ 3 & 2 & -1 & 3 \end{vmatrix}.$$

解

$$\begin{vmatrix} 1 & 2 & 3 & 4 \\ 1 & 0 & -1 & 2 \\ -1 & 1 & 2 & 0 \\ 3 & 2 & -1 & 3 \end{vmatrix} \xlongequal[\substack{r_3+r_1 \\ r_4-3r_1}]{r_2-r_1} \begin{vmatrix} 1 & 2 & 3 & 4 \\ 0 & -2 & -4 & -2 \\ 0 & 3 & 5 & 4 \\ 0 & -4 & -10 & -9 \end{vmatrix}$$

$$= \begin{vmatrix} -2 & -4 & -2 \\ 3 & 5 & 4 \\ -4 & -10 & -9 \end{vmatrix} \xlongequal[c_3-c_1]{c_2-2c_1} \begin{vmatrix} -2 & 0 & 0 \\ 3 & -1 & 1 \\ -4 & -2 & -5 \end{vmatrix}$$

$$= -2\times\begin{vmatrix} -1 & 1 \\ -2 & -5 \end{vmatrix} = -2\times[(-1)\times(-5)-1\times(-2)]=-14.$$

例 5 计算行列式

$$\begin{vmatrix} 1 & 2 & 3 & 4 \\ 3 & 4 & 5 & 6 \\ 4 & 5 & 6 & 7 \\ 6 & 7 & 8 & 9 \end{vmatrix}.$$

解 这个行列式的特点是第二行和第一行对应元素的差都是 2,第四行与第三行对应元素的差都是 2. 所以

$$\begin{vmatrix} 1 & 2 & 3 & 4 \\ 3 & 4 & 5 & 6 \\ 4 & 5 & 6 & 7 \\ 6 & 7 & 8 & 9 \end{vmatrix} \xlongequal[r_4-r_3]{r_2-r_1} \begin{vmatrix} 1 & 2 & 3 & 4 \\ 2 & 2 & 2 & 2 \\ 4 & 5 & 6 & 7 \\ 2 & 2 & 2 & 2 \end{vmatrix} = 0.$$

例 6　计算行列式

$$\begin{vmatrix} 121 & 1 & 3 \\ 242 & 2 & 2 \\ 605 & 5 & 4 \end{vmatrix}.$$

解　这个行列式特点是第一列元素分别是 120+1、240+2、600+5，所以

$$\begin{vmatrix} 121 & 1 & 3 \\ 242 & 2 & 2 \\ 605 & 5 & 4 \end{vmatrix} = \begin{vmatrix} 120+1 & 1 & 3 \\ 240+2 & 2 & 2 \\ 600+5 & 5 & 4 \end{vmatrix}$$

$$= \begin{vmatrix} 120 & 1 & 3 \\ 240 & 2 & 2 \\ 600 & 5 & 4 \end{vmatrix} + \begin{vmatrix} 1 & 1 & 3 \\ 2 & 2 & 2 \\ 5 & 5 & 4 \end{vmatrix} = 0.$$

例 7　计算行列式

$$\begin{vmatrix} 2 & 1 & 1 & 1 \\ 1 & 2 & 1 & 1 \\ 1 & 1 & 2 & 1 \\ 1 & 1 & 1 & 2 \end{vmatrix}.$$

解　各列四个数之和都是 5，只需将 2、3、4 行同时加到第一行，提出公因子 5，所以

$$\begin{vmatrix} 2 & 1 & 1 & 1 \\ 1 & 2 & 1 & 1 \\ 1 & 1 & 2 & 1 \\ 1 & 1 & 1 & 2 \end{vmatrix} \xlongequal{r_1+r_2+r_3+r_4} \begin{vmatrix} 5 & 5 & 5 & 5 \\ 1 & 2 & 1 & 1 \\ 1 & 1 & 2 & 1 \\ 1 & 1 & 1 & 2 \end{vmatrix} = 5 \times \begin{vmatrix} 1 & 1 & 1 & 1 \\ 1 & 2 & 1 & 1 \\ 1 & 1 & 2 & 1 \\ 1 & 1 & 1 & 2 \end{vmatrix}$$

$$\xlongequal[\substack{r_3-r_1 \\ r_4-r_1}]{r_2-r_1} 5 \times \begin{vmatrix} 1 & 1 & 1 & 1 \\ 0 & 1 & 0 & 0 \\ 0 & 0 & 1 & 0 \\ 0 & 0 & 0 & 1 \end{vmatrix} = 5 \times 1 \times \begin{vmatrix} 1 & 1 & 1 \\ 0 & 1 & 0 \\ 0 & 0 & 1 \end{vmatrix}$$

$$= 5 \times 1 \times \begin{vmatrix} 1 & 0 \\ 0 & 1 \end{vmatrix} = 5.$$

例 8　计算行列式

$$\begin{vmatrix} 1 & 1 & 1 \\ x_1 & x_2 & x_3 \\ x_1^2 & x_2^2 & x_3^2 \end{vmatrix}.$$

解 $\begin{vmatrix} 1 & 1 & 1 \\ x_1 & x_2 & x_3 \\ x_1^2 & x_2^2 & x_3^2 \end{vmatrix} \xlongequal[r_3 - x_1^2 r_1]{r_2 - x_1 r_1} \begin{vmatrix} 1 & 1 & 1 \\ 0 & x_2 - x_1 & x_3 - x_1 \\ 0 & x_2^2 - x_1^2 & x_3^2 - x_1^2 \end{vmatrix}$

$$=(x_2-x_1)(x_3^2-x_1^2)-(x_3-x_1)(x_2^2-x_1^2)$$

$$=(x_3-x_2)(x_3-x_1)(x_2-x_1).$$

上述行列式称为三阶范德蒙德行列式.

下面介绍 n 阶范德蒙德行列式.

$$r_n=\begin{vmatrix} 1 & 1 & \cdots & 1 \\ x_1 & x_2 & \cdots & x_n \\ x_1^2 & x_2^2 & \cdots & x_n^2 \\ \vdots & \vdots & & \vdots \\ x_1^{n-1} & x_2^{n-1} & \cdots & x_n^{n-1} \end{vmatrix}$$

$$=(x_n-x_{n-1})(x_n-x_{n-2})\cdots(x_n-x_2)(x_n-x_1)$$
$$(x_{n-1}-x_{n-2})\cdots(x_{n-1}-x_2)(x_{n-1}-x_1)\cdots$$
$$(x_3-x_2)(x_3-x_1)(x_2-x_1).$$

例 9 计算行列式

$$D=\begin{vmatrix} 1 & 1 & 1 & 1 \\ 1 & 2 & 3 & 4 \\ 1 & 4 & 9 & 16 \\ 1 & 8 & 27 & 64 \end{vmatrix}.$$

解 这是一个四阶范德蒙德行列式,且

$$x_1=1,\quad x_2=2,\quad x_3=3,\quad x_4=4,$$

因此,$D=(4-3)(4-2)(4-1)(3-2)(3-1)(2-1)=12$.

思考题:设行列式的某行(列)都是非零元素,怎样将其化为仅含一个非零元素的行(列)? 举例说明.

1.4 克拉默法则

1.4.1 克拉默法则

前面介绍三元线性方程组时曾提到克拉默法则,本节将作详细介绍.对于含有 n 个未知数 $x_1,x_2,\cdots,x_n$ 和 n 个方程的线性方程组($n\geqslant 2$)

$$\begin{cases} a_{11}x_1+a_{12}x_2+\cdots+a_{1n}x_n=b_1 \\ a_{21}x_1+a_{22}x_2+\cdots+a_{2n}x_n=b_2 \\ \cdots\cdots \\ a_{n1}x_1+a_{n2}x_2+\cdots+a_{nn}x_n=b_n \end{cases}, \tag{1-14}$$

有以下定理：

克拉默法则　如果线性方程组(1-14)的系数行列式 $D\neq0$，即

$$D=\begin{vmatrix} a_{11} & a_{12} & \cdots & a_{1n} \\ a_{21} & a_{22} & \cdots & a_{2n} \\ \vdots & \vdots & & \vdots \\ a_{n1} & a_{n2} & \cdots & a_{nn} \end{vmatrix}\neq0,$$

则线性方程组(1-14)有唯一解

$$x_1=\frac{D_1}{D},\quad x_2=\frac{D_2}{D},\quad \cdots,\quad x_n=\frac{D_n}{D},$$

式中，$D_j\,(j=1,2,\cdots,n)$是用方程右端的常数列代替 D 中第 j 列的相应元素所得到的 n 阶行列式，即

$$D_j=\begin{vmatrix} a_{11} & \cdots & a_{1j-1} & b_1 & a_{1j+1} & \cdots & a_{1n} \\ a_{21} & \cdots & a_{2j-1} & b_2 & a_{2j+1} & \cdots & a_{2n} \\ \vdots & & \vdots & \vdots & \vdots & & \vdots \\ a_{n1} & \cdots & a_{nj-1} & b_n & a_{nj+1} & \cdots & a_{nn} \end{vmatrix}.$$

例 1　解线性方程组

$$\begin{cases} x_1+2x_2+x_3=4 \\ 2x_1-x_2-x_3=1. \\ 3x_1+x_2-x_3=6 \end{cases}$$

解　因为

$$D=\begin{vmatrix} 1 & 2 & 1 \\ 2 & -1 & -1 \\ 3 & 1 & -1 \end{vmatrix}=5\neq0,\quad D_1=\begin{vmatrix} 4 & 2 & 1 \\ 1 & -1 & -1 \\ 6 & 1 & -1 \end{vmatrix}=5,$$

$$D_2=\begin{vmatrix} 1 & 4 & 1 \\ 2 & 1 & -1 \\ 3 & 6 & -1 \end{vmatrix}=10,\quad D_3=\begin{vmatrix} 1 & 2 & 4 \\ 2 & -1 & 1 \\ 3 & 1 & 6 \end{vmatrix}=-5,$$

所以，线性方程组的解为

$$x_1=\frac{D_1}{D}=\frac{5}{5}=1,\quad x_2=\frac{D_2}{D}=\frac{10}{5}=2,\quad x_3=\frac{D_3}{D}=\frac{-5}{5}=-1.$$

例 2 解线性方程组

$$\begin{cases} x_1 - x_2 + x_3 + x_4 = 2 \\ 2x_1 + x_2 - x_3 - x_4 = 4 \\ x_1 - 2x_2 + x_3 + x_4 = 3 \\ 3x_1 + x_2 + 3x_3 + 2x_4 = 4 \end{cases}.$$

解 因为

$$D = \begin{vmatrix} 1 & -1 & 1 & 1 \\ 2 & 1 & -1 & -1 \\ 1 & -2 & 1 & 1 \\ 3 & 1 & 3 & 2 \end{vmatrix} = 3 \neq 0,$$

$$D_1 = \begin{vmatrix} 2 & -1 & 1 & 1 \\ 4 & 1 & -1 & -1 \\ 3 & -2 & 1 & 1 \\ 4 & 1 & 3 & 2 \end{vmatrix} = 6, \quad D_2 = \begin{vmatrix} 1 & 2 & 1 & 1 \\ 2 & 4 & -1 & -1 \\ 1 & 3 & 1 & 1 \\ 3 & 4 & 3 & 2 \end{vmatrix} = -3,$$

$$D_3 = \begin{vmatrix} 1 & -1 & 2 & 1 \\ 2 & 1 & 4 & -1 \\ 1 & -2 & 3 & 1 \\ 3 & 1 & 4 & 2 \end{vmatrix} = 3, \quad D_4 = \begin{vmatrix} 1 & -1 & 1 & 2 \\ 2 & 1 & -1 & 4 \\ 1 & -2 & 1 & 3 \\ 3 & 1 & 3 & 4 \end{vmatrix} = -6,$$

所以,线性方程组的解为

$$x_1 = \frac{D_1}{D} = \frac{6}{3} = 2, \quad x_2 = \frac{D_2}{D} = \frac{-3}{3} = -1, \quad x_3 = \frac{D_3}{D} = \frac{3}{3} = 1, \quad x_4 = \frac{D_4}{D} = \frac{-6}{3} = -2.$$

1.4.2 运用克拉默法则讨论齐次线性方程组的解

当线性方程组(1-14)的常数项 $b_1, b_2, \cdots, b_n$ 不全为零时,线性方程组(1-14)称为非齐次线性方程组;当常数项 $b_1, b_2, \cdots, b_n$ 全为零,即 $b_1 = b_2 = \cdots = b_n = 0$ 时,有

$$\begin{cases} a_{11}x_1 + a_{12}x_2 + \cdots + a_{1n}x_n = 0 \\ a_{21}x_1 + a_{22}x_2 + \cdots + a_{2n}x_n = 0 \\ \cdots\cdots \\ a_{n1}x_1 + a_{n2}x_2 + \cdots + a_{nn}x_n = 0 \end{cases}. \tag{1-15}$$

线性方程组(1-15)称为齐次线性方程组.

齐次线性方程组(1-15)一定有解,即 $x_1 = x_2 = \cdots = x_n = 0$,此解称为齐次线性方程组(1-15)的零解. 如果一组不全为零的数 $x_1, x_2, \cdots, x_n$ 是齐次线性方程组(1-15)的解,则这个解称为齐次线性方程组(1-15)的非零解.

下面讨论齐次线性方程组有非零解的情况.

由克拉默法则,得如下结论:

定理 1.3　如果齐次线性方程组(1-15)的系数行列式 $D\neq 0$,则齐次线性方程组(1-15)只有零解.

定理 1.4　如果齐次线性方程组(1-15)有非零解,则齐次线性方程组的系数行列式 $D=0$.

定理 1.5　齐次线性方程组(1-15)有非零解的充分必要条件是齐次线性方程组(1-15)的系数行列式 $D=0$.

例 3　k 为何值时,线性方程组

$$\begin{cases} x_1+x_2+kx_3=0 \\ -x_1+kx_2+x_3=0 \\ x_1-x_2+2x_3=0 \end{cases}$$

有非零解?

解　由定理 1.5,知此线性方程组有非零解的充要条件是

$$\begin{vmatrix} 1 & 1 & k \\ -1 & k & 1 \\ 1 & -1 & 2 \end{vmatrix} \xlongequal[r_3-r_1]{r_2+r_1} \begin{vmatrix} 1 & 1 & k \\ 0 & k+1 & k+1 \\ 0 & -2 & 2-k \end{vmatrix} =(k+1)(4-k) =0,$$

解得 $k=-1$ 或 $k=4$. 所以,$k=-1$ 或 $k=4$ 时此线性方程组有非零解.

思考题:克拉默法则适用于求解哪种类型的线性方程组?

习　题　1

1. 计算下列行列式的值.

(1) $\begin{vmatrix} 4 & 1 \\ 2 & 3 \end{vmatrix}$;　(2) $\begin{vmatrix} \cos\alpha & -\sin\alpha \\ \sin\alpha & \cos\alpha \end{vmatrix}$;　(3) $\begin{vmatrix} 5 & 1 \\ 4 & 2 \end{vmatrix}$;

(4) $\begin{vmatrix} 1 & 2 & 3 \\ 2 & 3 & 1 \\ 3 & 1 & 2 \end{vmatrix}$;　(5) $\begin{vmatrix} 2 & 1 & 0 \\ 3 & 4 & 1 \\ 1 & 3 & 0 \end{vmatrix}$;　(6) $\begin{vmatrix} 2 & 3 & 4 \\ 1 & 0 & 1 \\ 3 & 1 & 5 \end{vmatrix}$.

2. 利用二阶行列式解下列二元线性方程组.

(1) $\begin{cases} x_1+x_2=1 \\ 3x_1-x_2=-5 \end{cases}$;　(2) $\begin{cases} x_1-2x_2=1 \\ 2x_1-x_2=8 \end{cases}$;　(3) $\begin{cases} x_1+x_2+x_3=2 \\ 2x_2+x_3=3 \\ 2x_1-x_2+3x_3=2 \end{cases}$.

3. 利用展开定理计算下列行列式的值.

(1) $\begin{vmatrix} 2 & 0 & 1 \\ 3 & 5 & 2 \\ -1 & 3 & 1 \end{vmatrix}$;　(2) $\begin{vmatrix} 1 & -1 & 1 \\ 2 & 1 & 3 \\ 3 & 2 & 1 \end{vmatrix}$;

(3) $\begin{vmatrix} 1 & 0 & 0 & 2 \\ 3 & 2 & 0 & 1 \\ -1 & 3 & 2 & 0 \\ -3 & 4 & -2 & -1 \end{vmatrix}$;　(4) $\begin{vmatrix} 0 & 2 & 3 & 1 \\ 1 & 0 & 6 & 0 \\ 5 & 4 & 2 & 0 \\ 0 & 0 & 1 & -1 \end{vmatrix}$.

4. 观察下列行列式,并计算其值.

(1) $\begin{vmatrix} 1 & 3 & 5 & 7 & 9 \\ 0 & 2 & 4 & 6 & 8 \\ 0 & 0 & 3 & 6 & 9 \\ 0 & 0 & 0 & 4 & 8 \\ 0 & 0 & 0 & 0 & 5 \end{vmatrix}$;　(2) $\begin{vmatrix} 3 & 0 & 0 & 0 & 0 \\ 0 & 3 & 0 & 0 & 0 \\ 0 & 0 & 3 & 0 & 0 \\ 0 & 0 & 0 & 3 & 0 \\ 0 & 0 & 0 & 0 & 3 \end{vmatrix}$;　(3) $\begin{vmatrix} 1 & 2 & \cdots & n \\ 0 & 1 & \cdots & n-1 \\ \vdots & \vdots & & \vdots \\ 0 & 0 & \cdots & 1 \end{vmatrix}$.

5. 计算下列行列式的值.

(1) $\begin{vmatrix} 1 & 2 & 3 \\ 2 & -1 & 1 \\ 3 & 0 & -1 \end{vmatrix}$;　(2) $\begin{vmatrix} 2 & 5 & 9 \\ 4 & 3 & 2 \\ 6 & 1 & 3 \end{vmatrix}$;　(3) $\begin{vmatrix} 1 & 2 & 5 & 4 \\ 1 & 0 & 1 & 2 \\ 3 & -1 & -1 & 0 \\ 1 & 2 & -1 & 5 \end{vmatrix}$;

(4) $\begin{vmatrix} 1 & 2 & 3 & 4 \\ -1 & 1 & 2 & 3 \\ 2 & 4 & 1 & 3 \\ 3 & 6 & 9 & 5 \end{vmatrix}$;　(5) $\begin{vmatrix} 3 & 4 & 2 & 1 \\ 5 & 2 & 3 & 0 \\ 7 & 3 & 0 & 0 \\ 8 & 0 & 0 & 0 \end{vmatrix}$;　(6) $\begin{vmatrix} 2 & 3 & 5 & 7 \\ 3 & 4 & 6 & 8 \\ 4 & 5 & 7 & 9 \\ 5 & 6 & 7 & 8 \end{vmatrix}$;

(7) $\begin{vmatrix} 1 & 1 & 1 & 1 \\ 2 & 5 & 3 & 1 \\ 3 & 2 & 1 & 2 \\ -1 & -2 & 3 & -1 \end{vmatrix}$;　(8) $\begin{vmatrix} 1 & 1 & 1 & 1 \\ 1 & 2 & 3 & 4 \\ 2 & 2 & 3 & 5 \\ 3 & 3 & 3 & 2 \end{vmatrix}$;　(9) $\begin{vmatrix} 2 & 3 & 4 & 1 \\ 1 & 4 & 2 & 3 \\ 3 & 2 & 1 & 4 \\ 4 & 1 & 3 & 2 \end{vmatrix}$;

(10) $\begin{vmatrix} 1 & 1 & 1 & 1 \\ 2 & 3 & 4 & 5 \\ 4 & 9 & 16 & 25 \\ 8 & 27 & 64 & 125 \end{vmatrix}$;　(11) $\begin{vmatrix} 21 & 1 & 3 \\ 63 & 3 & 2 \\ 105 & 5 & 4 \end{vmatrix}$;　(12) $\begin{vmatrix} 1 & 1 & 1 & 1 \\ 1 & -1 & 2 & 1 \\ 4 & 1 & 2 & 0 \\ 3 & 0 & 4 & 1 \end{vmatrix}$.

6. 用克拉默法则解下列方程组.

(1) $\begin{cases} x_1+x_2+x_3=6 \\ x_1-x_2+2x_3=3 \\ 2x_1-x_2+3x_3=7 \end{cases}$;　(2) $\begin{cases} x_1-x_2+x_3=5 \\ 2x_1+x_2+3x_3=9 \\ 3x_1-2x_2-x_3=6 \end{cases}$;

(3)$\begin{cases} x_1+x_2+x_3+x_4=10 \\ x_1-x_2+2x_3+3x_4=17 \\ -x_1-2x_2+x_3-2x_4=-10 \\ -2x_1+x_2-x_3+x_4=1 \end{cases}$；　(4)$\begin{cases} x_1+x_2+2x_3+x_4=5 \\ x_1+2x_2+x_4=2 \\ x_2-x_3+3x_4=-4 \\ -x_1+3x_3-x_4=6 \end{cases}$.

7. λ 取何值时，齐次线性方程组$\begin{cases} \lambda x_1+x_2+x_3=0, \\ x_1+\lambda x_2+x_3=0, \\ x_1+x_2+\lambda x_3=0 \end{cases}$有非零解？

本章小结

1. 行列式的定义

n 阶行列式是 n^2 个数排成的 n 行 n 列的一个算式，它按照某种确定的运算规律得到.

$$D=\begin{vmatrix} a_{11} & a_{12} & \cdots & a_{1n} \\ a_{21} & a_{22} & \cdots & a_{2n} \\ \vdots & \vdots & & \vdots \\ a_{n1} & a_{n2} & \cdots & a_{nn} \end{vmatrix}=\begin{cases} \sum\limits_{j=1}^{n} a_{ij}A_{ij} & (\text{按第 } i \text{ 行展开}) \\ \sum\limits_{i=1}^{n} a_{ij}A_{ij} & (\text{按第 } j \text{ 列展开}) \end{cases} \quad (n\geqslant 2)$$

2. 行列式的性质

(1)行列式性质 5 是一个重要的性质

因为行列式可以按任一行(列)展开，而在展开时含有零元素的行(列)展开计算容易，运用性质可以把某一行(列)化成零元素多的行(列)，例如：

$$\begin{vmatrix} 1 & 2 & 3 \\ -1 & 1 & 2 \\ 2 & 3 & 1 \end{vmatrix} \xlongequal[r_3-2r_1]{r_2+r_1} \begin{vmatrix} 1 & 2 & 3 \\ 0 & 3 & 5 \\ 0 & -1 & -5 \end{vmatrix}=-10.$$

(2)行列式的性质是计算行列式的重要依据，在解题之前要注意观察用哪一个性质.

可以参考 1.3 节的例题.

(3)行列式的计算

计算行列式的方法比较灵活，其基本方法有：

①二、三阶行列式可根据对角线法则直接计算.

②利用行列式的定义.

③利用行列式的性质将行列式化为上(下)三角形行列式.

④利用行列式性质将行列式的某一行(列)变出尽可能多的零元素，然后按该行(列)展开(依次降阶)计算.

(4)使用克拉默法则解线性方程组必须满足两个条件：

①方程组中未知数的个数等于方程的个数.

②系数行列式 $D\neq 0$.

测 试 题 1

一、填空题

1. 二阶行列式 $\begin{vmatrix} 2 & 3 \\ 4 & 5 \end{vmatrix}=$________.

2. 行列式 $\begin{vmatrix} -3 & 0 & 4 \\ 5 & 1 & 3 \\ 2 & -2 & 1 \end{vmatrix}$ 中元素 2 的代数余子式为________.

3. 行列式 $\begin{vmatrix} 1 & 0 & 0 & 0 \\ 1 & 2 & 0 & 0 \\ 1 & 2 & 3 & 0 \\ 1 & 2 & 3 & 4 \end{vmatrix}$ 的值为________.

4. 设 $f(x)=\begin{vmatrix} 2x & 3 & 1 \\ x & x & 1 \\ 2 & 1 & x \end{vmatrix}$，则 x^3 项的系数为________.

5. 行列式 $\begin{vmatrix} 3 & 1 & 303 \\ 1 & 2 & 101 \\ 2 & 4 & 202 \end{vmatrix}$ 的值为________.

6. 5 个方程、5 个未知数的线性方程组有唯一解的条件是________.

7. 若行列式 $\begin{vmatrix} 1 & 1 & 5 \\ -1 & 3 & -2 \\ 2 & 4 & x \end{vmatrix}=0$，则 $x=$________.

二、选择题

1. 二阶行列式 $\begin{vmatrix} \cos\varphi & \sin\varphi \\ -\sin\varphi & \cos\varphi \end{vmatrix}$ 的值为(　　).

A. -1　　B. 1　　C. $2\sin^2\varphi$　　D. $2\cos^2\varphi$

2. 若行列式 $\begin{vmatrix} 1 & 2 & 0 \\ 1 & 3 & 2 \\ 2 & 5 & x \end{vmatrix}=0$，则 $x=$(　　).

A. -3　　B. -2　　C. 2　　D. 3

3. 设 $D=\begin{vmatrix} a_1 & 0 & 0 \\ 0 & a_2 & 0 \\ 0 & 0 & a_3 \end{vmatrix}$，其中 a_1,a_2,a_3 不全为零，那么 D 是(　　)行列式.

A. 对角　　B. 上三角形　　C. 下三角形　　D. 以上都不对

4. 行列式 $\begin{vmatrix} 1 & 1 & 1 \\ 3 & 2 & 1 \\ 9 & 4 & 1 \end{vmatrix}$ 的值为(　　).

A. 2　　B. -2　　C. 1　　D. -1

5. 若线性方程组 $\begin{cases} \lambda x - y = a \\ -x + \lambda y = b \end{cases}$ 有唯一解,则 λ(　　).

A. 可为任意实数　　B. 不等于 ± 1　　C. 等于 ± 1　　D. 不等于 0

6. 行列式 $D=0$ 的必要条件是(　　).

A. D 中有两行(列)元素对应成比例

B. D 中至少有一行各元素可用行列式的性质化为 0

C. D 中有一行元素全为 0

D. D 中任一行各元素都可用行列式的性质化为 0

三、计算题

1. 计算下列行列式的值.

(1) $A=\begin{vmatrix} 3 & 1 & 1 & 1 \\ 1 & 3 & 1 & 1 \\ 1 & 1 & 3 & 1 \\ 1 & 1 & 1 & 3 \end{vmatrix}$;　　(2) $B=\begin{vmatrix} 1 & 2 & 1 & 4 \\ 0 & -1 & 2 & 1 \\ 1 & 0 & 1 & 3 \\ 0 & 1 & 3 & 1 \end{vmatrix}$;

(3) $\begin{vmatrix} 1 & 1 & 2 & 1 \\ -1 & 2 & 1 & 1 \\ -1 & -1 & 1 & 2 \\ -1 & -1 & -2 & 1 \end{vmatrix}$;　　(4) $\begin{vmatrix} 1 & 1 & 1 & 1 & 1 \\ 1 & 2 & 3 & 4 & 5 \\ 1 & 4 & 9 & 16 & 25 \\ 1 & 8 & 27 & 64 & 125 \\ 1 & 16 & 81 & 256 & 625 \end{vmatrix}$.

2. 求方程 $f(x)=\begin{vmatrix} 1 & 3 & 4 & 2 \\ 1 & x & 2 & 4 \\ 1 & 3 & x & 3 \\ 1 & 3 & 4 & x \end{vmatrix}=0$ 的根.

3. k 为何值时,行列式 $\begin{vmatrix} 1 & 2 & 1 \\ 2 & k & 1 \\ 2 & 1 & k \end{vmatrix}=0$?

4. λ 取何值时,齐次线性方程组 $\begin{cases} x_1+2x_2+3x_3=0 \\ -x_1+\lambda x_2+2x_3=0 \\ 2x_1+x_2+\lambda x_3=0 \end{cases}$ 有非零解?

第 2 章

矩　阵

学习目标：

(1)正确理解矩阵的概念.

(2)熟练掌握矩阵的加法运算、数乘运算、乘法运算、转置及其运算律.

(3)正确理解逆矩阵的概念,会用伴随矩阵求逆矩阵.

(4)熟练掌握矩阵的初等变换.

(5)会运用矩阵的初等变换求逆矩阵、求矩阵的秩、化矩阵为行阶梯形矩阵.

2.1 矩阵概述

先看一个具体的实例.

实例 某工厂生产两种产品,需要三种原料,其中生产单位产品甲需要原料 A 2 kg,原料 B 1 kg,原料 C 3 kg,生产单位产品乙需要原料 A 1 kg,原料 B 3 kg,原料 C 1 kg,试确定原料质量与产品之间所形成的相互关系.

解 设 y_1 表示生产这两种产品所需原料 A 的质量,y_2 表示生产这两种产品所需原料 B 的质量,y_3 表示生产这两种产品所需原料 C 的质量,设生产甲产品 x_1 个,生产乙产品 x_2 个,由题意可得原料质量与产品之间的关系为

$$\begin{cases} y_1 = 2x_1 + x_2 \\ y_2 = x_1 + 3x_2, \\ y_3 = 3x_1 + x_2 \end{cases}$$

将 x_1、x_2 的系数取出按原来位置排成一个数表为

$$\begin{pmatrix} 2 & 1 \\ 1 & 3 \\ 3 & 1 \end{pmatrix}.$$

这样的数表称为矩阵.

2.1.1 矩阵的概念

定义 2.1 由 $m \times n$ 个数 a_{ij} $(i=1,2,\cdots,m;j=1,2,\cdots,n)$ 排成的 m 行 n 列的

矩形数表

$$\begin{pmatrix} a_{11} & a_{12} & \cdots & a_{1n} \\ a_{21} & a_{22} & \cdots & a_{2n} \\ \vdots & \vdots & & \vdots \\ a_{m1} & a_{m2} & \cdots & a_{mn} \end{pmatrix} \tag{2-1}$$

称为 m 行 n 列矩阵，简称 $m\times n$ 矩阵；这 $m\times n$ 个数称为矩阵的元素；a_{ij} 称为该矩阵 i 行、第 j 列的元素. 矩阵常用大写字母 $\boldsymbol{A}$、$\boldsymbol{B}$、$\boldsymbol{C}$ 表示. $m\times n$ 矩阵可记作 $\boldsymbol{A}_{m\times n}$ 或 $(a_{ij})_{m\times n}$，简记为 $\boldsymbol{A}$ 或 (a_{ij})

特别地，当 $m=1$ 时，矩阵仅有一行 $(a_{11},a_{12},\cdots,a_{1n})$，称为行矩阵；当 $n=1$ 时，矩阵仅有一列 $\begin{pmatrix} a_{11} \\ a_{21} \\ \vdots \\ a_{m1} \end{pmatrix}$，称为列矩阵. 当 $m=n$，即矩阵的行与列相等时，称为 n 阶方阵，记作 $\boldsymbol{A}_n$. 即 n 阶方阵

$$\boldsymbol{A}=\begin{pmatrix} a_{11} & a_{12} & \cdots & a_{1n} \\ a_{21} & a_{22} & \cdots & a_{2n} \\ \vdots & \vdots & & \vdots \\ a_{n1} & a_{n2} & \cdots & a_{nn} \end{pmatrix}. \tag{2-2}$$

从元素 a_{11} 到 a_{nn} 间的连线称为 n 阶方阵 $\boldsymbol{A}$ 的主对角线；主对角线上的元素 $a_{11},a_{22},\cdots,a_{nn}$ 称为主对角线元素，简称主对角元.

定义 2.2 如果矩阵 $\boldsymbol{A}$ 和 $\boldsymbol{B}$ 满足如下条件：

(1)行数相同；

(2)列数相同；

(3)对称应元素相等，即 $a_{ij}=b_{ij}$.

则称矩阵 $\boldsymbol{A}$ 与矩阵 $\boldsymbol{B}$ 相等，记作 $\boldsymbol{A}=\boldsymbol{B}$.

例如，$\boldsymbol{A}=\begin{pmatrix} 1 & 0 & 2 \\ 3 & -1 & 4 \end{pmatrix}$，$\boldsymbol{B}=\begin{pmatrix} 1 & 0 & x \\ 3 & y & 4 \end{pmatrix}$，若 $\boldsymbol{A}=\boldsymbol{B}$，则 $x=2$，$y=-1$.

定义 2.3 如果矩阵 $\boldsymbol{A}$ 与 $\boldsymbol{B}$ 的行数、列数分别相等，则矩阵 $\boldsymbol{A}$ 与 $\boldsymbol{B}$ 为同型矩阵.

例如，若有矩阵

$$\boldsymbol{A}=\begin{pmatrix} 1 & 2 \\ 3 & 4 \end{pmatrix},\quad \boldsymbol{B}=\begin{pmatrix} 2 & 3 \\ 1 & 4 \end{pmatrix},\quad \boldsymbol{C}=\begin{pmatrix} 5 & 2 & 7 \\ 1 & 1 & 2 \end{pmatrix},$$

则 $\boldsymbol{A}$ 与 $\boldsymbol{B}$ 是同型矩阵，而矩阵 $\boldsymbol{A}$ 与 $\boldsymbol{C}$、$\boldsymbol{B}$ 与 $\boldsymbol{C}$ 均不是同型矩阵.

2.1.2 几种特殊矩阵

1. 零矩阵

所有元素均是零的矩阵称为零矩阵，记作 $\boldsymbol{O}_{m\times n}$ 或 $\boldsymbol{O}$.

2. 对角矩阵

在 n 阶方阵中，除主对角线元素外，其余元素都为零的矩阵，称为对角矩阵.

例如，$\boldsymbol{A}=\begin{pmatrix} a_{11} & 0 & \cdots & 0 \\ 0 & a_{22} & \cdots & 0 \\ \vdots & \vdots & & \vdots \\ 0 & 0 & \cdots & a_{nn} \end{pmatrix}$.

3. 单位矩阵

在对角矩阵中，主对角元全为 1 的矩阵，称为单位矩阵，记作 $\boldsymbol{I}_n$ 或 $\boldsymbol{E}_n$.

例如，$\boldsymbol{E}_3=\begin{pmatrix} 1 & 0 & 0 \\ 0 & 1 & 0 \\ 0 & 0 & 1 \end{pmatrix}$，$\boldsymbol{E}_2=\begin{pmatrix} 1 & 0 \\ 0 & 1 \end{pmatrix}$，$\boldsymbol{E}_4=\begin{pmatrix} 1 & 0 & 0 & 0 \\ 0 & 1 & 0 & 0 \\ 0 & 0 & 1 & 0 \\ 0 & 0 & 0 & 1 \end{pmatrix}$.

4. 上三角形矩阵

在主对角线左下方的元素都为零的 n 阶方阵称为上三角形矩阵.

例如，$\begin{pmatrix} a_{11} & a_{12} & \cdots & a_{1n} \\ 0 & a_{22} & \cdots & a_{2n} \\ \vdots & \vdots & & \vdots \\ 0 & 0 & \cdots & a_{nn} \end{pmatrix}$.

5. 下三角形矩阵

在主对角线右上方的元素都为零的 n 阶方阵称为下三角形矩阵.

例如，$\begin{pmatrix} a_{11} & 0 & \cdots & 0 \\ a_{21} & a_{22} & \cdots & 0 \\ \vdots & \vdots & & \vdots \\ a_{n1} & a_{n2} & \cdots & a_{nn} \end{pmatrix}$.

上三角形矩阵、下三角形矩阵统称三角形矩阵.

思考题：如何理解矩阵的定义？矩阵与行列式有何区别？

2.2　矩阵的运算

2.2.1　矩阵的加(减)法

定义 2.4　设矩阵 $\boldsymbol{A}$ 与 $\boldsymbol{B}$ 是同型矩阵,将矩阵 $\boldsymbol{A}$ 与 $\boldsymbol{B}$ 对应位置的元素相加(或相减)得到的矩阵称为矩阵 $\boldsymbol{A}$ 与 $\boldsymbol{B}$ 的和(或差),记作 $\boldsymbol{A}\pm\boldsymbol{B}$,即

$$\boldsymbol{A}=\begin{pmatrix} a_{11} & a_{12} & \cdots & a_{1n} \\ a_{21} & a_{22} & \cdots & a_{2n} \\ \vdots & \vdots & & \vdots \\ a_{m1} & a_{m2} & \cdots & a_{mn} \end{pmatrix},\quad \boldsymbol{B}=\begin{pmatrix} b_{11} & b_{12} & \cdots & b_{1n} \\ b_{21} & b_{22} & \cdots & b_{2n} \\ \vdots & \vdots & & \vdots \\ b_{m1} & b_{m2} & \cdots & b_{mn} \end{pmatrix}, \tag{2-3}$$

则 $$\boldsymbol{A}\pm\boldsymbol{B}=\begin{pmatrix} a_{11}\pm b_{11} & a_{12}\pm b_{12} & \cdots & a_{1n}\pm b_{1n} \\ a_{21}\pm b_{21} & a_{22}\pm b_{22} & \cdots & a_{2n}\pm b_{2n} \\ \vdots & \vdots & & \vdots \\ a_{m1}\pm b_{m1} & a_{m2}\pm b_{m2} & \cdots & a_{mn}\pm b_{mn} \end{pmatrix}. \tag{2-4}$$

例 1　已知矩阵 $\boldsymbol{A}=\begin{pmatrix} 1 & 0 & 2 \\ 3 & 1 & 4 \end{pmatrix}$,$\boldsymbol{B}=\begin{pmatrix} 2 & 1 & 5 \\ -1 & 0 & 3 \end{pmatrix}$,求:(1)$\boldsymbol{A}+\boldsymbol{B}$;(2)$\boldsymbol{A}-\boldsymbol{B}$;(3)$\boldsymbol{B}-\boldsymbol{A}$.

解　(1)$$\boldsymbol{A}+\boldsymbol{B}=\begin{pmatrix} 1 & 0 & 2 \\ 3 & 1 & 4 \end{pmatrix}+\begin{pmatrix} 2 & 1 & 5 \\ -1 & 0 & 3 \end{pmatrix}=\begin{pmatrix} 1+2 & 0+1 & 2+5 \\ 3-1 & 1+0 & 4+3 \end{pmatrix}=\begin{pmatrix} 3 & 1 & 7 \\ 2 & 1 & 7 \end{pmatrix}.$$

(2)$$\boldsymbol{A}-\boldsymbol{B}=\begin{pmatrix} 1 & 0 & 2 \\ 3 & 1 & 4 \end{pmatrix}-\begin{pmatrix} 2 & 1 & 5 \\ -1 & 0 & 3 \end{pmatrix}=\begin{pmatrix} 1-2 & 0-1 & 2-5 \\ 3+1 & 1-0 & 4-3 \end{pmatrix}=\begin{pmatrix} -1 & -1 & -3 \\ 4 & 1 & 1 \end{pmatrix}.$$

(3)$$\boldsymbol{B}-\boldsymbol{A}=\begin{pmatrix} 2 & 1 & 5 \\ -1 & 0 & 3 \end{pmatrix}-\begin{pmatrix} 1 & 0 & 2 \\ 3 & 1 & 4 \end{pmatrix}=\begin{pmatrix} 2-1 & 1-0 & 5-2 \\ -1-3 & 0-1 & 3-4 \end{pmatrix}$$

$$=\begin{pmatrix}1 & 1 & 3\\-4 & -1 & -1\end{pmatrix}.$$

矩阵的加法满足下列运算律：

(1)交换律：$\boldsymbol{A}+\boldsymbol{B}=\boldsymbol{B}+\boldsymbol{A}$；

(2)结合律：$\boldsymbol{A}+(\boldsymbol{B}+\boldsymbol{C})=(\boldsymbol{A}+\boldsymbol{B})+\boldsymbol{C}$.

特别地，$\boldsymbol{A}+\boldsymbol{O}=\boldsymbol{O}+\boldsymbol{A}=\boldsymbol{A}$，其中 $\boldsymbol{A}$、$\boldsymbol{B}$、$\boldsymbol{C}$、$\boldsymbol{O}$ 都是同型矩阵.

2.2.2 数与矩阵的乘法

定义 2.5 设 λ 是一个数，$\boldsymbol{A}$ 是一个 $m\times n$ 矩阵，将数 λ 乘以矩阵 $\boldsymbol{A}$ 中的每一元素得到的矩阵，称为数 λ 与矩阵 $\boldsymbol{A}$ 的乘积，简称数乘，记作 $\lambda\boldsymbol{A}$（或 $\boldsymbol{A}\lambda$）. 即

$$\lambda\boldsymbol{A}=\boldsymbol{A}\lambda=\begin{pmatrix}\lambda a_{11} & \lambda a_{12} & \cdots & \lambda a_{1n}\\ \lambda a_{21} & \lambda a_{22} & \cdots & \lambda a_{2n}\\ \vdots & \vdots & & \vdots\\ \lambda a_{m1} & \lambda a_{m2} & \cdots & \lambda a_{mn}\end{pmatrix}. \tag{2-5}$$

矩阵数乘满足下列运算律：

(1)$\lambda(\boldsymbol{A}+\boldsymbol{B})=\lambda\boldsymbol{A}+\lambda\boldsymbol{B}$；

(2)$(\lambda+\mu)\boldsymbol{A}=\lambda\boldsymbol{A}+\mu\boldsymbol{A}$；

(3)$(\lambda\mu)\boldsymbol{A}=\lambda(\mu\boldsymbol{A})=\mu(\lambda\boldsymbol{A})$.

其中，$\boldsymbol{A}$、$\boldsymbol{B}$ 都是 $m\times n$ 矩阵；λ、μ 是任意常数.

例 2 已知矩阵

$$\boldsymbol{A}=\begin{pmatrix}1 & 2 & 1 & 0\\-1 & 1 & 2 & 3\\3 & 2 & 1 & 5\end{pmatrix},\quad \boldsymbol{B}=\begin{pmatrix}7 & 6 & 3 & 2\\5 & 3 & 4 & 1\\1 & 2 & 3 & 1\end{pmatrix},$$

且 $\boldsymbol{A}+2\boldsymbol{C}=\boldsymbol{B}$，求 $\boldsymbol{C}$.

解 $\boldsymbol{C}=\dfrac{1}{2}(\boldsymbol{B}-\boldsymbol{A})=\dfrac{1}{2}\begin{pmatrix}6 & 4 & 2 & 2\\6 & 2 & 2 & -2\\-2 & 0 & 2 & -4\end{pmatrix}=\begin{pmatrix}3 & 2 & 1 & 1\\3 & 1 & 1 & -1\\-1 & 0 & 1 & -2\end{pmatrix}.$

2.2.3 矩阵的乘法

先看一个实例.

实例 某地区有两个工厂 A_1、A_2，生产三种产品 B_1、B_2、B_3，两个工厂每个季度生产的产品数量及单位生产成本、单位价格、单位利润见表 2-1 和表 2-2.

表 2-1

工厂	产品数量		
	B_1	B_2	B_3
A_1	200	400	100
A_2	300	200	300

表 2-2

产品类型	单位成本	单位价格	单位利润
B_1	1	2	1
B_2	0.5	1	0.5
B_3	1.5	2	0.5

试给出两个工厂每个季度生产 B_1、B_2、B_3 三种产品的总成本、总价格、总利润.

解 $$\boldsymbol{A}=\begin{pmatrix} 200 & 400 & 100 \\ 300 & 200 & 300 \end{pmatrix}\begin{matrix} A_1\text{ 工厂} \\ A_2\text{ 工厂} \end{matrix},$$

B_1 产品数量 B_2 产品数量 B_3 产品数量

$$\boldsymbol{B}=\begin{pmatrix} 1 & 2 & 1 \\ 0.5 & 1 & 0.5 \\ 1.5 & 2 & 0.5 \end{pmatrix}.$$

单位成本 单位价格 单位利润

设矩阵

$$\boldsymbol{C}=\begin{pmatrix} c_{11} & c_{12} & c_{13} \\ c_{21} & c_{22} & c_{23} \end{pmatrix},$$

其中，c_{11}、c_{12}、c_{13} 依次表示 A_1 工厂生产产品的总成本、总价格、总利润；c_{21}、c_{22}、c_{23} 依次表示 A_2 厂生产产品的总成本、总价格、总利润，则

$c_{11}=200\times1+400\times0.5+100\times1.5=550$,

$c_{12}=200\times2+400\times1+100\times2=1\,000$,

$c_{13}=200\times1+400\times0.5+100\times0.5=450$,

$c_{21}=300\times1+200\times0.5+300\times1.5=850$,

$c_{22}=300\times2+200\times1+300\times2=1\,400$,

$c_{23}=300\times1+200\times0.5+300\times0.5=550$.

于是两个工厂每个季度的总成本、总价格、总利润为

$$\boldsymbol{C}=\begin{pmatrix} 550 & 1\,000 & 450 \\ 850 & 1\,400 & 550 \end{pmatrix}.$$

可以看出矩阵 $\boldsymbol{C}$ 中的第 i 行、第 j 列的元素 c_{ij} 等于矩阵 $\boldsymbol{A}$ 的第 i 行与矩阵 $\boldsymbol{B}$ 的第 j 列对应元素乘积的和，这种由 $\boldsymbol{A}$、$\boldsymbol{B}$ 决定矩阵 $\boldsymbol{C}$ 的方法称为矩阵的乘法.

定义 2.6 设矩阵 $\boldsymbol{A}=(a_{ik})_{m\times s}$，矩阵 $\boldsymbol{B}=(b_{kj})_{s\times n}$（$\boldsymbol{A}$ 的列数与 $\boldsymbol{B}$ 的行数相等），即

$$\boldsymbol{A}=\begin{pmatrix} a_{11} & a_{12} & \cdots & a_{1s} \\ a_{21} & a_{22} & \cdots & a_{2s} \\ \vdots & \vdots & & \vdots \\ a_{m1} & a_{m2} & \cdots & a_{ms} \end{pmatrix},\boldsymbol{B}=\begin{pmatrix} b_{11} & b_{12} & \cdots & b_{1n} \\ b_{21} & b_{22} & \cdots & b_{2n} \\ \vdots & \vdots & & \vdots \\ b_{s1} & b_{s2} & \cdots & b_{sn} \end{pmatrix}, \tag{2-6}$$

则矩阵 $\boldsymbol{C}=(c_{ij})_{m\times n}$ 称为矩阵 $\boldsymbol{A}$ 与 $\boldsymbol{B}$ 的乘积，其中 $c_{ij}=a_{i1}b_{1j}+a_{i2}b_{2j}+\cdots+a_{is}b_{sj}=\sum\limits_{k=1}^{s}a_{ik}b_{kj}\ (i=1,2,\cdots,m;j=1,2,\cdots,n)$，记作 $\boldsymbol{C}=\boldsymbol{AB}$.

注意：两个矩阵 $\boldsymbol{A}$、$\boldsymbol{B}$ 只有当矩阵 $\boldsymbol{A}$ 的列数等于矩阵 $\boldsymbol{B}$ 的行数时 $\boldsymbol{AB}$ 才有意义.

例 3 已知 $\boldsymbol{A}=\begin{pmatrix} 1 & -1 & 2 \\ 2 & 3 & 1 \end{pmatrix}$，$\boldsymbol{B}=\begin{pmatrix} 0 & 1 \\ -1 & 2 \\ 3 & 1 \end{pmatrix}$，求 $\boldsymbol{AB}$ 和 $\boldsymbol{BA}$.

解

$$\begin{aligned}\boldsymbol{AB}&=\begin{pmatrix} 1 & -1 & 2 \\ 2 & 3 & 1 \end{pmatrix}\begin{pmatrix} 0 & 1 \\ -1 & 2 \\ 3 & 1 \end{pmatrix}\\ &=\begin{pmatrix} 1\times0+(-1)\times(-1)+2\times3 & 1\times1+(-1)\times2+2\times1 \\ 2\times0+3\times(-1)+1\times3 & 2\times1+3\times2+1\times1 \end{pmatrix}\\ &=\begin{pmatrix} 7 & 1 \\ 0 & 9 \end{pmatrix}.\end{aligned}$$

$$\begin{aligned}\boldsymbol{BA}&=\begin{pmatrix} 0 & 1 \\ -1 & 2 \\ 3 & 1 \end{pmatrix}\begin{pmatrix} 1 & -1 & 2 \\ 2 & 3 & 1 \end{pmatrix}\\ &=\begin{pmatrix} 0\times1+1\times2 & 0\times(-1)+1\times3 & 0\times2+1\times1 \\ (-1)\times1+2\times2 & (-1)\times(-1)+2\times3 & (-1)\times2+2\times1 \\ 3\times1+1\times2 & 3\times(-1)+1\times3 & 3\times2+1\times1 \end{pmatrix}\\ &=\begin{pmatrix} 2 & 3 & 1 \\ 3 & 7 & 0 \\ 5 & 0 & 7 \end{pmatrix}.\end{aligned}$$

通过此例可以看出，矩阵的乘法不满足交换律.

例 4　已知 $\boldsymbol{A}=\begin{pmatrix}1 & 2\\-2 & -4\end{pmatrix}$，$\boldsymbol{B}=\begin{pmatrix}-2 & 6\\1 & -3\end{pmatrix}$，求 $\boldsymbol{AB}$ 和 $\boldsymbol{BA}$.

解　$\boldsymbol{AB}=\begin{pmatrix}1 & 2\\-2 & -4\end{pmatrix}\begin{pmatrix}-2 & 6\\1 & -3\end{pmatrix}=\begin{pmatrix}0 & 0\\0 & 0\end{pmatrix}$；

$$\boldsymbol{BA}=\begin{pmatrix}-2 & 6\\1 & -3\end{pmatrix}\begin{pmatrix}1 & 2\\-2 & -4\end{pmatrix}=\begin{pmatrix}-14 & -28\\7 & 14\end{pmatrix}.$$

通过此例可以看出，由 $\boldsymbol{AB}=\boldsymbol{O}$ 不能得出 $\boldsymbol{A}=\boldsymbol{O}$ 或 $\boldsymbol{B}=\boldsymbol{O}$.

矩阵的乘法满足下列运算律：

(1) $(\boldsymbol{AB})\boldsymbol{C}=\boldsymbol{A}(\boldsymbol{BC})$；

(2) $\lambda(\boldsymbol{AB})=(\lambda\boldsymbol{A})\boldsymbol{B}=\boldsymbol{A}(\lambda\boldsymbol{B})$　（λ 为任意常数）；

(3) $A(\boldsymbol{B}+\boldsymbol{C})=\boldsymbol{AB}+\boldsymbol{AC}$，$(\boldsymbol{B}+\boldsymbol{C})\boldsymbol{A}=\boldsymbol{BA}+\boldsymbol{CA}$.

单位矩阵满足：

(1) $\boldsymbol{E}_m\boldsymbol{A}_{m\times n}=\boldsymbol{A}_{m\times n}$，$\boldsymbol{A}_{m\times n}\boldsymbol{E}_n=\boldsymbol{A}_{m\times n}$；

(2) $\boldsymbol{E}_n\boldsymbol{A}_n=\boldsymbol{A}_n\boldsymbol{E}_n=\boldsymbol{A}_n$.

定义 2.7　设 $\boldsymbol{A}$ 为 n 阶方阵，m 为正整数，则规定：$\boldsymbol{A}^1=\boldsymbol{A}$，$\boldsymbol{A}^2=\boldsymbol{A}\cdot\boldsymbol{A}$，…，$\boldsymbol{A}^m=\boldsymbol{A}^{m-1}\cdot\boldsymbol{A}^1$，将 $\boldsymbol{A}^m$ 称为方阵 $\boldsymbol{A}$ 的 m 次幂.

规定 n 阶方阵 $\boldsymbol{A}$ 的零次幂为 n 阶单位阵 $\boldsymbol{E}$，即 $\boldsymbol{A}^0=\boldsymbol{E}$.

方阵 $\boldsymbol{A}$ 的幂满足下列运算律：

(1) $\boldsymbol{A}^l\cdot\boldsymbol{A}^k=\boldsymbol{A}^{l+k}$；

(2) $(\boldsymbol{A}^l)^k=\boldsymbol{A}^{l\times k}$.

例 5　已知 $\boldsymbol{A}=\begin{pmatrix}1 & 2\\0 & 1\end{pmatrix}$，求 $\boldsymbol{A}^2$ 和 $\boldsymbol{A}^4$.

解　$\boldsymbol{A}^2=\boldsymbol{A}\cdot\boldsymbol{A}=\begin{pmatrix}1 & 2\\0 & 1\end{pmatrix}\begin{pmatrix}1 & 2\\0 & 1\end{pmatrix}=\begin{pmatrix}1 & 4\\0 & 1\end{pmatrix}$.

$$\boldsymbol{A}^4=\boldsymbol{A}^2\cdot\boldsymbol{A}^2=\begin{pmatrix}1 & 4\\0 & 1\end{pmatrix}\begin{pmatrix}1 & 4\\0 & 1\end{pmatrix}=\begin{pmatrix}1 & 8\\0 & 1\end{pmatrix}.$$

2.2.4　转置矩阵

定义 2.8　把矩阵 $\boldsymbol{A}=(a_{ij})_{m\times n}$ 的行与列依次互换所得的矩阵称为 $\boldsymbol{A}$ 的转置矩阵，记作 $\boldsymbol{A}^{\mathrm{T}}$.

例如，$\boldsymbol{A}=\begin{pmatrix}1 & 2 & 3\\4 & 5 & 6\end{pmatrix}$，$\boldsymbol{A}^{\mathrm{T}}=\begin{pmatrix}1 & 4\\2 & 5\\3 & 6\end{pmatrix}$.

转置矩阵具有下列性质：

(1) $(\boldsymbol{A}^{\mathrm{T}})^{\mathrm{T}}=\boldsymbol{A}$;

(2) $(\boldsymbol{A}+\boldsymbol{B})^{\mathrm{T}}=\boldsymbol{A}^{\mathrm{T}}+\boldsymbol{B}^{\mathrm{T}}$;

(3) $(\lambda\boldsymbol{A})^{\mathrm{T}}=\lambda\boldsymbol{A}^{\mathrm{T}}$;

(4) $(\boldsymbol{AB})^{\mathrm{T}}=\boldsymbol{B}^{\mathrm{T}}\boldsymbol{A}^{\mathrm{T}}$.

例 6 已知矩阵 $\boldsymbol{A}=\begin{pmatrix}2&3&1\\1&-1&2\end{pmatrix}$, $\boldsymbol{B}=\begin{pmatrix}3&1\\1&4\\2&0\end{pmatrix}$, 求 $\boldsymbol{A}^{\mathrm{T}}$, $\boldsymbol{B}^{\mathrm{T}}$, $2\boldsymbol{A}^{\mathrm{T}}+3\boldsymbol{B}$, $\boldsymbol{AB}$, $\boldsymbol{B}^{\mathrm{T}}\boldsymbol{A}^{\mathrm{T}}$.

解 由定义知 $\boldsymbol{A}^{\mathrm{T}}=\begin{pmatrix}2&1\\3&-1\\1&2\end{pmatrix}$,

$$\boldsymbol{B}^{\mathrm{T}}=\begin{pmatrix}3&1&2\\1&4&0\end{pmatrix},$$

$$\begin{aligned}2\boldsymbol{A}^{\mathrm{T}}+3\boldsymbol{B}&=2\begin{pmatrix}2&1\\3&-1\\1&2\end{pmatrix}+3\begin{pmatrix}3&1\\1&4\\2&0\end{pmatrix}\\&=\begin{pmatrix}4&2\\6&-2\\2&4\end{pmatrix}+\begin{pmatrix}9&3\\3&12\\6&0\end{pmatrix}\\&=\begin{pmatrix}13&5\\9&10\\8&4\end{pmatrix},\end{aligned}$$

$$\begin{aligned}\boldsymbol{AB}&=\begin{pmatrix}2&3&1\\1&-1&2\end{pmatrix}\begin{pmatrix}3&1\\1&4\\2&0\end{pmatrix}\\&=\begin{pmatrix}2\times3+3\times1+1\times2&2\times1+3\times4+1\times0\\1\times3+(-1)\times1+2\times2&1\times1+(-1)\times4+2\times0\end{pmatrix}\\&=\begin{pmatrix}11&14\\6&-3\end{pmatrix}.\end{aligned}$$

由转置矩阵性质(4)知

$$\boldsymbol{B}^{\mathrm{T}}\boldsymbol{A}^{\mathrm{T}}=(\boldsymbol{AB})^{\mathrm{T}}=\begin{pmatrix}11&6\\14&-3\end{pmatrix}.$$

思考题:

1. 矩阵 $\boldsymbol{A}$ 与 $\boldsymbol{B}$ 相加及相乘的条件是什么?

2. 若矩阵 $\boldsymbol{A}$ 为 3×4 矩阵，矩阵 $\boldsymbol{B}$ 为 4×5 矩阵，则 $\boldsymbol{AB}$ 是什么类型矩阵？$\boldsymbol{BA}$ 有意义吗？为什么？

2.3 逆 矩 阵

2.3.1 逆矩阵的概念

在数的运算中，若 $ab=ba=1$，则称 b 为 a 的倒数，记作 $a^{-1}=b$. 矩阵也有类似的运算形式，如 $\boldsymbol{A}=\begin{pmatrix}2 & 0\\ 0 & \frac{1}{2}\end{pmatrix}$，$\boldsymbol{B}=\begin{pmatrix}\frac{1}{2} & 0\\ 0 & 2\end{pmatrix}$，则 $\boldsymbol{AB}=\begin{pmatrix}2 & 0\\ 0 & \frac{1}{2}\end{pmatrix}\begin{pmatrix}\frac{1}{2} & 0\\ 0 & 2\end{pmatrix}=\begin{pmatrix}1 & 0\\ 0 & 1\end{pmatrix}$，

$\boldsymbol{BA}=\begin{pmatrix}\frac{1}{2} & 0\\ 0 & 2\end{pmatrix}\begin{pmatrix}2 & 0\\ 0 & \frac{1}{2}\end{pmatrix}=\begin{pmatrix}1 & 0\\ 0 & 1\end{pmatrix}$，即 $\boldsymbol{AB}=\boldsymbol{BA}=\boldsymbol{E}$. 为此引入逆矩阵的概念.

定义 2.9 对于 n 阶方阵 $\boldsymbol{A}$，如果存在 n 阶方阵 $\boldsymbol{B}$ 使得 $\boldsymbol{AB}=\boldsymbol{BA}=\boldsymbol{E}$，则称 n 阶方阵 $\boldsymbol{A}$ 是可逆的，而 $\boldsymbol{B}$ 称为 $\boldsymbol{A}$ 的逆矩阵，简称 $\boldsymbol{A}$ 的逆，记作 $\boldsymbol{A}^{-1}$.

容易看出，如果 $\boldsymbol{B}$ 是 $\boldsymbol{A}$ 的逆矩阵，那么 $\boldsymbol{A}$ 也是 $\boldsymbol{B}$ 的逆矩阵. 即 $\boldsymbol{A}$ 与 $\boldsymbol{B}$ 是互逆的.

例如，$\boldsymbol{A}=\begin{pmatrix}2 & 0\\ 0 & \frac{1}{2}\end{pmatrix}$，$\boldsymbol{A}^{-1}=\begin{pmatrix}\frac{1}{2} & 0\\ 0 & 2\end{pmatrix}$；反之，$\boldsymbol{B}=\begin{pmatrix}\frac{1}{2} & 0\\ 0 & 2\end{pmatrix}$，$\boldsymbol{B}^{-1}=\begin{pmatrix}2 & 0\\ 0 & \frac{1}{2}\end{pmatrix}$.

2.3.2 逆矩阵的求法

下面讨论在什么条件下矩阵 $\boldsymbol{A}$ 是可逆的，如果 $\boldsymbol{A}$ 可逆，怎样求出 $\boldsymbol{A}^{-1}$？为此先引入方阵行列式非奇异矩阵和伴随矩阵的概念.

定义 2.10 对于 n 阶方阵

$$\boldsymbol{A}=\begin{pmatrix}a_{11} & a_{12} & \cdots & a_{1n}\\ a_{21} & a_{22} & \cdots & a_{2n}\\ \vdots & \vdots & & \vdots\\ a_{n1} & a_{n2} & \cdots & a_{nn}\end{pmatrix}, \tag{2-7}$$

称由 n 阶方阵 $\boldsymbol{A}$ 的元素所构成的行列式（各元素的位置不变）为方阵 $\boldsymbol{A}$ 的行列式，记作 $|\boldsymbol{A}|$. 即

$$|\boldsymbol{A}|=\begin{vmatrix}a_{11} & a_{12} & \cdots & a_{1n}\\ a_{21} & a_{22} & \cdots & a_{2n}\\ \vdots & \vdots & & \vdots\\ a_{n1} & a_{n2} & \cdots & a_{nn}\end{vmatrix}. \tag{2-8}$$

由 n 阶方阵 $\boldsymbol{A}$ 确定的行列式 $|\boldsymbol{A}|$ 的运算,满足下列运算律:

(1) $|\lambda \boldsymbol{A}| = \lambda^n |\boldsymbol{A}|$;

(2) $|\boldsymbol{AB}| = |\boldsymbol{A}||\boldsymbol{B}|$.

其中,$\boldsymbol{A}$,$\boldsymbol{B}$ 为 n 阶方阵,λ 为任意常数.

定义 2.11 若 n 阶方阵 $\boldsymbol{A}$ 的行列式 $|\boldsymbol{A}| \neq 0$,则称 $\boldsymbol{A}$ 为非奇异矩阵.

定义 2.12 设 A_{ij} 是方阵 $\boldsymbol{A}$ 的行列式 $|\boldsymbol{A}|$ 中元素 a_{ij} 的代数余子式,则矩阵

$$\boldsymbol{A}^* = \begin{pmatrix} A_{11} & A_{21} & \cdots & A_{n1} \\ A_{12} & A_{22} & \cdots & A_{n2} \\ \vdots & \vdots & & \vdots \\ A_{1n} & A_{2n} & \cdots & A_{nn} \end{pmatrix} \tag{2-9}$$

称为 $\boldsymbol{A}$ 的伴随矩阵.

其中,由行列式按一行(列)展开的公式可得

$$\boldsymbol{AA}^* = \boldsymbol{AA}^* = \begin{pmatrix} |\boldsymbol{A}| & 0 & \cdots & 0 \\ 0 & |\boldsymbol{A}| & \cdots & 0 \\ \vdots & \vdots & & \vdots \\ 0 & 0 & \cdots & |\boldsymbol{A}| \end{pmatrix} = |\boldsymbol{A}|\boldsymbol{E}. \tag{2-10}$$

如果 $|\boldsymbol{A}| \neq 0$,那么由上式得

$$\boldsymbol{A}\left(\frac{1}{|\boldsymbol{A}|}\boldsymbol{A}^*\right) = \left(\frac{1}{|\boldsymbol{A}|}\boldsymbol{A}^*\right)\boldsymbol{A} = \boldsymbol{E}. \tag{2-11}$$

定理 2.1 n 阶方阵 $\boldsymbol{A}$ 可逆的充分必要条件是 $\boldsymbol{A}$ 为非奇异矩阵且

$$A^{-1} = \frac{1}{|\boldsymbol{A}|}\boldsymbol{A}^* = \frac{1}{|\boldsymbol{A}|}\begin{pmatrix} A_{11} & A_{21} & \cdots & A_{n1} \\ A_{12} & A_{22} & \cdots & A_{n2} \\ \vdots & \vdots & & \vdots \\ A_{1n} & A_{2n} & \cdots & A_{nn} \end{pmatrix}. \tag{2-12}$$

例 1 求矩阵 $\boldsymbol{A} = \begin{pmatrix} 1 & 2 & 0 \\ 0 & 1 & 2 \\ 1 & -1 & 1 \end{pmatrix}$ 的逆矩阵.

解 因为 $|\boldsymbol{A}| = \begin{vmatrix} 1 & 2 & 0 \\ 0 & 1 & 2 \\ 1 & -1 & 1 \end{vmatrix} = 7 \neq 0$,所以 $\boldsymbol{A}$ 可逆.

$$A_{11} = \begin{vmatrix} 1 & 2 \\ -1 & 1 \end{vmatrix} = 3,\quad A_{12} = -\begin{vmatrix} 0 & 2 \\ 1 & 1 \end{vmatrix} = 2,\quad A_{13} = \begin{vmatrix} 0 & 1 \\ 1 & -1 \end{vmatrix} = -1,$$

$$A_{21} = -\begin{vmatrix} 2 & 0 \\ -1 & 1 \end{vmatrix} = -2,\quad A_{22} = \begin{vmatrix} 1 & 0 \\ 1 & 1 \end{vmatrix} = 1,\quad A_{23} = -\begin{vmatrix} 1 & 2 \\ 1 & -1 \end{vmatrix} = 3,$$

$$A_{31}=\begin{vmatrix}2&0\\1&2\end{vmatrix}=4,\quad A_{32}=-\begin{vmatrix}1&0\\0&2\end{vmatrix}=-2,\quad A_{33}=\begin{vmatrix}1&2\\0&1\end{vmatrix}=1,$$

所以 $\boldsymbol{A}^{-1}=\dfrac{1}{|\boldsymbol{A}|}\boldsymbol{A}^{*}=\dfrac{1}{7}\begin{pmatrix}3&-2&4\\2&1&-2\\-1&3&1\end{pmatrix}$.

2.3.3　逆矩阵的性质

如果 n 阶方阵 $\boldsymbol{A}$ 和 $\boldsymbol{B}$ 都是可逆的，则：

(1)$\boldsymbol{A}^{-1}$是唯一的；

(2)$(\boldsymbol{A}^{-1})^{-1}=\boldsymbol{A}$；

(3)$\boldsymbol{AB}$ 也是可逆的，且$(\boldsymbol{AB})^{-1}=\boldsymbol{B}^{-1}\boldsymbol{A}^{-1}$；

(4)$\boldsymbol{A}^{\mathrm{T}}$ 也是可逆的，且$(\boldsymbol{A}^{\mathrm{T}})^{-1}=(\boldsymbol{A}^{-1})^{\mathrm{T}}$.

证明：

(1)若矩阵 $\boldsymbol{B}$ 和 $\boldsymbol{C}$ 都是 $\boldsymbol{A}$ 的逆矩阵，则 $\boldsymbol{B}=\boldsymbol{BE}=\boldsymbol{B}(\boldsymbol{AC})=(\boldsymbol{BA})\boldsymbol{C}=\boldsymbol{EC}=\boldsymbol{C}$.

(2)由逆矩阵的定义可知，$\boldsymbol{A}$ 与 $\boldsymbol{A}^{-1}$ 是互逆的，即 $\boldsymbol{A}$ 也是 $\boldsymbol{A}^{-1}$ 的逆矩阵，所以 $\boldsymbol{A}=(\boldsymbol{A}^{-1})^{-1}$.

(3)因为$(\boldsymbol{AB})(\boldsymbol{B}^{-1}\boldsymbol{A}^{-1})=\boldsymbol{A}(\boldsymbol{BB}^{-1})\boldsymbol{A}^{-1}=\boldsymbol{AEA}^{-1}=\boldsymbol{AA}^{-1}=\boldsymbol{E}$,

$$(\boldsymbol{B}^{-1}\boldsymbol{A}^{-1})(\boldsymbol{AB})=\boldsymbol{B}^{-1}(\boldsymbol{A}^{-1}\boldsymbol{A})\boldsymbol{B}=\boldsymbol{B}^{-1}\boldsymbol{EB}=\boldsymbol{B}^{-1}\boldsymbol{B}=\boldsymbol{E},$$

所以 $\boldsymbol{AB}$ 有逆矩阵，且$(\boldsymbol{AB})^{-1}=\boldsymbol{B}^{-1}\boldsymbol{A}^{-1}$.

(4)因为$|\boldsymbol{A}^{\mathrm{T}}|=|\boldsymbol{A}|\neq 0$，故 $\boldsymbol{A}^{\mathrm{T}}$ 可逆，

$$\boldsymbol{A}^{\mathrm{T}}(\boldsymbol{A}^{-1})^{\mathrm{T}}=(\boldsymbol{A}^{-1}\boldsymbol{A})^{\mathrm{T}}=\boldsymbol{E}^{\mathrm{T}}=\boldsymbol{E};$$

$$(\boldsymbol{A}^{-1})^{\mathrm{T}}\boldsymbol{A}^{\mathrm{T}}=(\boldsymbol{AA}^{-1})^{\mathrm{T}}=\boldsymbol{E}^{\mathrm{T}}=\boldsymbol{E};$$

所以$(\boldsymbol{A}^{\mathrm{T}})^{-1}=(\boldsymbol{A}^{-1})^{\mathrm{T}}$.

由矩阵的乘法可知，线性方程组

$$\begin{cases}a_{11}x_1+a_{12}x_2+\cdots+a_{1n}x_n=b_1\\a_{21}x_1+a_{22}x_2+\cdots+a_{2n}x_n=b_2\\\cdots\cdots\\a_{m1}x_1+a_{m2}x_2+\cdots+a_{mn}x_n=b_m\end{cases}$$

又可写成 $\boldsymbol{AX}=\boldsymbol{B}$.

其中，$\boldsymbol{A}=\begin{pmatrix}a_{11}&a_{12}&\cdots&a_{1n}\\a_{21}&a_{22}&\cdots&a_{2n}\\\vdots&\vdots&&\vdots\\a_{m1}&a_{m2}&\cdots&a_{mn}\end{pmatrix}$，$\boldsymbol{X}=\begin{pmatrix}x_1\\x_2\\\vdots\\x_n\end{pmatrix}$，$\boldsymbol{B}=\begin{pmatrix}b_1\\b_2\\\vdots\\b_n\end{pmatrix}$.

例 2 解线性方程组 $\begin{cases} x_1+x_2+x_3=-1 \\ x_1-2x_2+x_3=2 \\ -2x_1+x_2-x_3=-3 \end{cases}$.

解 $\boldsymbol{A}=\begin{pmatrix} 1 & 1 & 1 \\ 1 & -2 & 1 \\ -2 & 1 & -1 \end{pmatrix}, \boldsymbol{X}=\begin{pmatrix} x_1 \\ x_2 \\ x_3 \end{pmatrix}, \boldsymbol{B}=\begin{pmatrix} -1 \\ 2 \\ -3 \end{pmatrix}$.

因为 $|\boldsymbol{A}|=\begin{vmatrix} 1 & 1 & 1 \\ 1 & -2 & 1 \\ -2 & 1 & -1 \end{vmatrix}=-3\neq 0$,故 $\boldsymbol{A}^{-1}$ 存在.

$$A_{11}=\begin{vmatrix} -2 & 1 \\ 1 & -1 \end{vmatrix}=1,\quad A_{12}=-\begin{vmatrix} 1 & 1 \\ -2 & -1 \end{vmatrix}=-1,\quad A_{13}=\begin{vmatrix} 1 & -2 \\ -2 & 1 \end{vmatrix}=-3,$$

$$A_{21}=-\begin{vmatrix} 1 & 1 \\ 1 & -1 \end{vmatrix}=2,\quad A_{22}=\begin{vmatrix} 1 & 1 \\ -2 & -1 \end{vmatrix}=1,\quad A_{23}=-\begin{vmatrix} 1 & 1 \\ -2 & 1 \end{vmatrix}=-3,$$

$$A_{31}=\begin{vmatrix} 1 & 1 \\ -2 & 1 \end{vmatrix}=3,\quad A_{32}=-\begin{vmatrix} 1 & 1 \\ 1 & 1 \end{vmatrix}=0,\quad A_{33}=\begin{vmatrix} 1 & 1 \\ 1 & -2 \end{vmatrix}=-3,$$

$$\boldsymbol{A}^*=\begin{pmatrix} 1 & 2 & 3 \\ -1 & 1 & 0 \\ -3 & -3 & -3 \end{pmatrix},\quad \boldsymbol{A}^{-1}=\frac{1}{|\boldsymbol{A}|}\boldsymbol{A}^*=\begin{pmatrix} -\frac{1}{3} & -\frac{2}{3} & -1 \\ \frac{1}{3} & -\frac{1}{3} & 0 \\ 1 & 1 & 1 \end{pmatrix}.$$

由 $\boldsymbol{AX}=\boldsymbol{B}$,得

$$\boldsymbol{X}=\boldsymbol{A}^{-1}\boldsymbol{B}=\begin{pmatrix} -\frac{1}{3} & -\frac{2}{3} & -1 \\ \frac{1}{3} & -\frac{1}{3} & 0 \\ 1 & 1 & 1 \end{pmatrix}\begin{pmatrix} -1 \\ 2 \\ -3 \end{pmatrix}=\begin{pmatrix} 2 \\ -1 \\ -2 \end{pmatrix}.$$

即线性方程组的解为 $x_1=2,x_2=-1,x_3=-2$.

思考题：

利用逆矩阵解线性方程组的条件是什么？

2.4 矩阵的初等变换

2.4.1 矩阵的初等变换

定义 2.13 对矩阵施行的三种变换如下：

(1)矩阵的两行互换位置(交换第 i、j 两行,记作 $r_i\leftrightarrow r_j$)；

(2)用一个非零的数乘以矩阵的某一行的所有元素(k 乘第 i 行,记作 kr_i);

(3)把一个非零的数乘矩阵的某一行所有元素,加到矩阵另一行的对应元素上去(k 乘第 j 行加到第 i 行,记作 r_i+kr_j).

上述三种变换称为矩阵的初等行变换.

把定义 2.13 中的“行”换成“列”(相应记号“r”换成“c”)即得到矩阵的初等列变换定义.矩阵的初等行变换与矩阵的初等列变换统称矩阵的初等变换.

以下主要运用矩阵的初等行变换.

2.4.2　用矩阵的初等行变换求逆矩阵

定义 2.14　由单位矩阵经过一次初等变换得到的矩阵统称为初等矩阵,简称初等阵.

对单位矩阵 $\boldsymbol{E}=\begin{pmatrix}1&0&\cdots&0\\0&1&\cdots&0\\\vdots&\vdots&&\vdots\\0&0&\cdots&1\end{pmatrix}$ 施以三种初等行变换所得的初等矩阵分别用 $\boldsymbol{E}(i,j)$、$\boldsymbol{E}(ik)$、$\boldsymbol{E}(i,j(k))$ 表示.

定理 2.2　对 $\boldsymbol{A}$ 施行一次初等变换,就相当于在 $\boldsymbol{A}$ 的左边乘上一个相应的初等矩阵.

例如,$\boldsymbol{A}=\begin{pmatrix}1&2&3\\0&1&2\\1&1&2\end{pmatrix}\xrightarrow{r_1\leftrightarrow r_2}\begin{pmatrix}0&1&2\\1&2&3\\1&1&2\end{pmatrix}=\boldsymbol{A}_1$,

$$\boldsymbol{E}(1,2)\boldsymbol{A}=\begin{pmatrix}1&0&0\\0&1&0\\0&0&1\end{pmatrix}\begin{pmatrix}1&2&3\\0&1&2\\1&1&2\end{pmatrix}=\begin{pmatrix}0&1&2\\1&2&3\\1&1&2\end{pmatrix}=\boldsymbol{A}_1.$$

其他读者可自行验证.

定理 2.3　任意一个 n 阶可逆矩阵 $\boldsymbol{A}$ 都可以通过若干次初等变换化为 n 阶单位矩阵 $\boldsymbol{E}$.(证明略)

对于 n 阶可逆矩阵 $\boldsymbol{A}$,存在初等阵 $\boldsymbol{P}_1,\boldsymbol{P}_2,\cdots,\boldsymbol{P}_m$,使得

$$\boldsymbol{P}_m\boldsymbol{P}_{m-1}\cdots\boldsymbol{P}_2\boldsymbol{P}_1\boldsymbol{A}=\boldsymbol{E}. \tag{2-13}$$

又

$$\boldsymbol{A}\boldsymbol{A}^{-1}=\boldsymbol{A}\boldsymbol{A}^{-1}=\boldsymbol{E},$$

所以 $\boldsymbol{P}_m\boldsymbol{P}_{m-1}\cdots\boldsymbol{P}_2\boldsymbol{P}_1\boldsymbol{A}\boldsymbol{A}^{-1}=\boldsymbol{P}_m\boldsymbol{P}_{m-1}\cdots\boldsymbol{P}_2\boldsymbol{P}_1\boldsymbol{E}=\boldsymbol{E}\boldsymbol{A}^{-1}=\boldsymbol{A}^{-1}$,

即

$$\boldsymbol{A}^{-1}=\boldsymbol{P}_m\boldsymbol{P}_{m-1}\cdots\boldsymbol{P}_2\boldsymbol{P}_1\boldsymbol{E}. \tag{2-14}$$

于是有下述定理:

定理 2.4　非奇异方阵 $\boldsymbol{A}$ 的逆矩阵 $\boldsymbol{A}^{-1}$ 等于一组初等矩阵之积.

可以看出，对可逆矩阵施行一系列初等变换得到单位矩阵 $\boldsymbol{E}$，而对单位矩阵 $\boldsymbol{E}$ 施行同样的初等变换就得到 $\boldsymbol{A}$ 的逆矩阵，从而得到一个用初等变换求逆矩阵的方法：

$$(\boldsymbol{A}|\boldsymbol{E})\xrightarrow{\text{初等行变换}}(\boldsymbol{E}|\boldsymbol{A}^{-1})$$

例 1 求矩阵 $\boldsymbol{A}=\begin{pmatrix}1&-1&0\\-2&3&0\\1&2&1\end{pmatrix}$ 的逆矩阵.

解 $(\boldsymbol{A}|\boldsymbol{E})=\left(\begin{array}{ccc|ccc}1&-1&0&1&0&0\\-2&3&0&0&1&0\\1&2&1&0&0&1\end{array}\right)\xrightarrow[r_3-r_1]{r_2+2r_1}$

$$\left(\begin{array}{ccc|ccc}1&-1&0&1&0&0\\0&1&0&2&1&0\\0&3&1&-1&0&1\end{array}\right)\xrightarrow[r_3-3r_2]{r_1+r_2}$$

$$\left(\begin{array}{ccc|ccc}1&0&0&3&0&0\\0&1&0&2&1&0\\0&0&1&-7&-3&1\end{array}\right),$$

所以 $\boldsymbol{A}^{-1}=\begin{pmatrix}3&0&0\\2&1&0\\-7&-3&1\end{pmatrix}$.

例 2 已知矩阵 $\boldsymbol{A}=\begin{pmatrix}1&0&1\\2&1&0\\3&2&-5\end{pmatrix}$，求 $\boldsymbol{A}^{-1}$.

解 $(\boldsymbol{A}|\boldsymbol{E})=\left(\begin{array}{ccc|ccc}1&0&1&1&0&0\\2&1&0&0&1&0\\3&2&-5&0&0&1\end{array}\right)\xrightarrow[r_3-3r_1]{r_2-2r_1}$

$$\left(\begin{array}{ccc|ccc}1&0&1&1&0&0\\0&1&-2&-2&1&0\\0&2&-8&-3&0&1\end{array}\right)\xrightarrow{r_3-2r_2}$$

$$\left(\begin{array}{ccc|ccc}1&0&1&1&0&0\\0&1&-2&-2&1&0\\0&0&-4&1&-2&1\end{array}\right)\xrightarrow{-\frac{1}{4}r_3}$$

$$\left(\begin{array}{ccc|ccc}1&0&1&1&0&0\\0&1&-2&-2&1&0\\0&0&1&-\frac{1}{4}&\frac{1}{2}&-\frac{1}{4}\end{array}\right)\xrightarrow[r_2+2r_3]{r_1-r_3}$$

$$\left(\begin{array}{ccc|ccc} 1 & 0 & 0 & \frac{5}{4} & -\frac{1}{2} & \frac{1}{4} \\ 0 & 1 & 0 & -\frac{5}{2} & 2 & -\frac{1}{2} \\ 0 & 0 & 1 & -\frac{1}{4} & \frac{1}{2} & -\frac{1}{4} \end{array}\right),$$

所以
$$A^{-1}=\begin{pmatrix} \frac{5}{4} & -\frac{1}{2} & \frac{1}{4} \\ -\frac{5}{2} & 2 & -\frac{1}{2} \\ -\frac{1}{4} & \frac{1}{2} & -\frac{1}{4} \end{pmatrix}.$$

2.4.3　用矩阵的初等变化转化行阶梯形矩阵

定义 2.15　对 $k=1,2,\cdots,m-1$ 满足以下两个条件的 $m\times n$ 矩阵称为行阶梯形矩阵：

(1)若有第 k 行是零行，则第$(k+1)$行必是零行；

(2)若有第$(k+1)$行是非零行，则其首非零元所处的列号必大于第 k 行首非零元所处的列号.

例如，
$$A=\begin{pmatrix} 1 & 2 & 0 & 1 \\ 0 & 2 & 0 & 1 \\ 0 & 0 & 1 & 2 \end{pmatrix},\quad B=\begin{pmatrix} 2 & 8 & 4 \\ 0 & 1 & 1 \\ 0 & 0 & 0 \end{pmatrix},\quad C=\begin{pmatrix} 0 & 2 & 3 & 1 & 0 \\ 0 & 0 & 1 & 0 & 0 \\ 0 & 0 & 0 & 3 & 0 \\ 0 & 0 & 0 & 0 & 0 \end{pmatrix},$$

$$D=\begin{pmatrix} 2 & 1 & 4 \\ 0 & 0 & 2 \\ 0 & 1 & 0 \end{pmatrix},\quad M=\begin{pmatrix} 0 & 0 & 0 \\ 0 & 2 & 0 \end{pmatrix},$$

其中，A、B、C 为行阶梯形矩阵，D 中第二行非零元的列号大于第三行的非零元，因此 D 不是行阶梯形矩阵；M 中零行在非零行的下一行，因此 M 也不是行阶梯形矩阵.

特别地，在行阶梯形矩阵中，把非零行中首非零元素都为 1，且非零行的首非零元所在列其他元素均为零的矩阵称为最简行阶梯形矩阵.

例 3　用矩阵的初等变换将矩阵 $A=\begin{pmatrix} 3 & 2 & 2 \\ 6 & 4 & 4 \\ -6 & -4 & -6 \\ 9 & 2 & 3 \end{pmatrix}$ 化为行阶梯形矩阵.

解　由行阶梯形矩阵的定义得

$$A=\begin{pmatrix}3&2&2\\6&4&4\\-6&-4&-6\\9&2&3\end{pmatrix}\xrightarrow[r_4-3r_1]{\substack{r_2-2r_1\\r_3+2r_1}}\begin{pmatrix}3&2&2\\0&0&0\\0&0&-2\\0&-4&-3\end{pmatrix}\xrightarrow{r_2\leftrightarrow r_4}\begin{pmatrix}3&2&2\\0&-4&-3\\0&0&-2\\0&0&0\end{pmatrix}.$$

例 4 用矩阵的初等变换将矩阵 $B=\begin{pmatrix}1&0&-1&1&0&1\\1&1&3&2&4&3\\2&1&2&3&4&4\\1&-2&-9&1&-8&-3\end{pmatrix}$ 化为最简行阶梯矩阵.

解 $B=\begin{pmatrix}1&0&-1&1&0&1\\1&1&3&2&4&3\\2&1&2&3&4&4\\1&-2&-9&1&-8&-3\end{pmatrix}\xrightarrow[r_4-r_1]{\substack{r_2-r_1\\r_3-2r_1}}$

$$\begin{pmatrix}1&0&-1&1&0&1\\0&1&4&1&4&2\\0&1&4&1&4&2\\0&-2&-8&0&-8&-4\end{pmatrix}\xrightarrow{\substack{r_3-r_2\\r_4+2r_2}}$$

$$\begin{pmatrix}1&0&-1&1&0&1\\0&1&4&1&4&2\\0&0&0&0&0&0\\0&0&0&2&0&0\end{pmatrix}\xrightarrow{r_3\leftrightarrow r_4}\begin{pmatrix}1&0&-1&1&0&1\\0&1&4&1&4&2\\0&0&0&2&0&0\\0&0&0&0&0&0\end{pmatrix}\xrightarrow{\frac{1}{2}r_3}$$

$$\begin{pmatrix}1&0&-1&1&0&1\\0&1&4&1&4&2\\0&0&0&1&0&0\\0&0&0&0&0&0\end{pmatrix}\xrightarrow[r_2-r_3]{r_1-r_3}\begin{pmatrix}1&0&-1&0&0&1\\0&1&4&0&4&2\\0&0&0&1&0&0\\0&0&0&0&0&0\end{pmatrix}.$$

定义 2.16 如果一个矩阵 A 经过初等变换后所得的矩阵是 B,则称 A 等价于 B,记作 $A\sim B$.

通过上例可以看出,任何一个矩阵经过初等变换可以得到多个行阶梯形矩阵,也就是说,任何一个矩阵都等价于一个行阶梯形矩阵.

关于行阶梯形矩阵有如下结论:

(1)矩阵 A 经过初等变换可以化为行阶梯形矩阵 B 和最简行阶梯形矩阵 C,且最简行阶梯形矩阵 C 是唯一的.

(2)行阶梯形矩阵 B 和最简行阶梯形矩阵 C 中所含的非零行的行数是相同的.

思考题:

1. 简述矩阵的初等变换.

2. 用初等变换求逆矩阵的理论依据是什么?

3. 如何将矩阵 $\boldsymbol{A}$ 化为最简行阶梯行矩阵?

2.5 矩阵的秩

通过学习,我们知道,线性方程组可以用矩阵表示. 那么,线性方程组的解也应该由矩阵的某些特征决定,本节将介绍反映矩阵特征的一个重要的量——矩阵的秩.

2.5.1 矩阵的秩的概念

定义 2.17 在 $m\times n$ 矩阵 $\boldsymbol{A}$ 中,任取 k 行、k 列($k\leqslant\min(m,n)$),这些行和列相交处的元素,按照它们原有的次序所组成的一个 k 阶行列式,称为矩阵 $\boldsymbol{A}$ 的一个 k 阶子式.

例如,在 $\boldsymbol{A}=\begin{pmatrix}1&3&4&5\\2&3&1&0\\0&0&1&2\\0&0&0&0\end{pmatrix}$ 中取第 1、3 行与第 2、4 列,对应的二阶子式为 $\begin{vmatrix}3&5\\0&2\end{vmatrix}=6$.

取 1、3、4 行与第 2、3、4 列,对应的三阶子式为 $\begin{vmatrix}3&4&5\\0&1&2\\0&0&0\end{vmatrix}=0$;

取第 1、2、3 行与第 1、2、3 列对应的三阶子式为 $\begin{vmatrix}1&3&4\\2&3&1\\0&0&1\end{vmatrix}=3$;

而矩阵 $\boldsymbol{A}$ 的所有四阶子式等于零,于是三阶子式是所有非零子式的最高阶子式.

定义 2.18 若矩阵 $\boldsymbol{A}$ 中至少有一个非零的 r 阶子式,而所有高于 r 阶的子式都为零,则称矩阵 $\boldsymbol{A}$ 的秩为 r,记作 $r(\boldsymbol{A})=r$.

上例中矩阵 $\boldsymbol{A}$ 的秩为 3,即 $r(\boldsymbol{A})=3$.

显然,对于一个 $m\times n$ 矩阵 $\boldsymbol{A}$,它的秩满足 $0\leqslant r(\boldsymbol{A})\leqslant\min(m,n)$. 规定零矩阵的秩为零.

例 1 求出下列行阶梯形矩阵的秩.

(1)$\boldsymbol{A}=\begin{pmatrix}1&3&0&1\\0&2&1&3\\0&0&0&2\\0&0&0&0\end{pmatrix}$； (2)$\boldsymbol{B}=\begin{pmatrix}2&1&1&1\\0&0&1&3\\0&0&0&0\\0&0&0&0\end{pmatrix}$； (3)$\boldsymbol{C}=\begin{pmatrix}1&4&5&2\\0&1&2&4\\0&0&1&3\\0&0&0&0\\0&0&0&0\end{pmatrix}$.

解 (1)因为矩阵 $\boldsymbol{A}$ 的第四行是零行,所以矩阵 $\boldsymbol{A}$ 的所有四阶子式都等于零.取矩阵 $\boldsymbol{A}$ 的第 1、2、3 行,第 1、2、4 列所得的三阶子式为

$$\begin{vmatrix}1&3&1\\0&2&3\\0&0&2\end{vmatrix}=4,$$

由矩阵的秩的定义知,$r(\boldsymbol{A})=3$.

(2)因为矩阵 $\boldsymbol{B}$ 的第三、四行都是零行,所以矩阵 $\boldsymbol{B}$ 的所有三、四阶子式都等于零.取矩阵 $\boldsymbol{B}$ 的第 1、2 行,第 1、3 列所得的二阶子式为

$$\begin{vmatrix}2&1\\0&1\end{vmatrix}=2,$$

由矩阵的秩的定义知,$r(\boldsymbol{B})=2$.

(3)因为矩阵 $\boldsymbol{C}$ 的第四、五行都是零行,所以矩阵 $\boldsymbol{C}$ 的所有四阶子式都等于零.取矩阵 $\boldsymbol{C}$ 的第 1、2、3 行,第 1、2、3 列所得的三阶子式为

$$\begin{vmatrix}1&4&5\\0&1&2\\0&0&1\end{vmatrix}=1,$$

由矩阵的秩的定义知,$r(\boldsymbol{C})=3$.

2.5.2 用矩阵的初等变换求矩阵的秩

一般情况下,当矩阵的行数与列数稍多时,由定义计算矩阵的秩较为麻烦,这里给出用矩阵的初等变换求矩阵的秩的方法.为此先给出下述定理:

定理 2.5 矩阵经过初等变换后其秩不变.

通过观察发现,行阶梯形矩阵的非零行的行数等于其非零子式的最高阶数.于是,用矩阵的初等变换将一个矩阵化为阶梯形矩阵,这个行阶梯形矩阵的非零行的行数就是所求矩阵的秩.

例 2 设矩阵 $\boldsymbol{A}=\begin{pmatrix}1&3&2&4\\2&1&-1&2\\4&2&-2&4\end{pmatrix}$,求 $r(\boldsymbol{A})$.

解 $A=\begin{pmatrix}1&3&2&4\\2&1&-1&2\\4&2&-2&4\end{pmatrix}\xrightarrow[r_3-4r_1]{r_2-2r_1}\begin{pmatrix}1&3&2&4\\0&-5&-5&-6\\0&-10&-10&-12\end{pmatrix}\xrightarrow{r_3-2r_2}$

$\begin{pmatrix}1&3&2&4\\0&-5&-5&-6\\0&0&0&0\end{pmatrix}=\boldsymbol{B}.$

所以 $r(\boldsymbol{A})=r(\boldsymbol{B})=2$.

例 3 设矩阵 $\boldsymbol{A}=\begin{pmatrix}1&0&2&1&1\\2&0&4&2&2\\-1&0&-2&-1&-1\\3&2&5&1&3\end{pmatrix}$,求 $r(\boldsymbol{A})$.

解 $\boldsymbol{A}=\begin{pmatrix}1&0&2&1&1\\2&0&4&2&2\\-1&0&-2&-1&-1\\3&2&5&1&3\end{pmatrix}\xrightarrow{\substack{r_2-2r_1\\r_3+r_1\\r_4-3r_1}}\begin{pmatrix}1&0&2&1&1\\0&0&0&0&0\\0&0&0&0&0\\0&2&-1&-2&0\end{pmatrix}\xrightarrow{r_2\leftrightarrow r_4}$

$\begin{pmatrix}1&0&2&1&1\\0&2&-1&-2&0\\0&0&0&0&0\\0&0&0&0&0\end{pmatrix}=\boldsymbol{B},$

所以 $r(\boldsymbol{A})=r(\boldsymbol{B})=2$.

矩阵的秩在解决线性方程组解的问题中具有重要作用,我们将在第四章予以介绍.

我们知道,线性方程组可以用矩阵表示,那么,线性方程组的解与其对应的矩阵有什么关系呢?下面我们来讨论这个问题.

对于线性方程组$\begin{cases}a_{11}x_1+a_{12}x_2+\cdots+a_{1n}x_n=b_1\\a_{21}x_1+a_{22}x_2+\cdots+a_{2n}x_n=b_2\\\cdots\cdots\\a_{m1}x_1+a_{m2}x_2+\cdots+a_{mn}x_n=b_m\end{cases}$,有

$$\boldsymbol{A}=\begin{pmatrix}a_{11}&a_{12}&\cdots&a_{1n}\\a_{21}&a_{22}&\cdots&a_{2n}\\\vdots&\vdots&&\vdots\\a_{m1}&a_{m2}&\cdots&a_{mn}\end{pmatrix},\quad \widetilde{\boldsymbol{A}}=\begin{pmatrix}a_{11}&a_{12}&\cdots&a_{1n}&b_1\\a_{21}&a_{22}&\cdots&a_{2n}&b_2\\\vdots&\vdots&&\vdots&\vdots\\a_{m1}&a_{m2}&\cdots&a_{mn}&b_m\end{pmatrix},$$

其中,$\boldsymbol{A}$ 为系数矩阵,$\widetilde{\boldsymbol{A}}$ 为增广矩阵.

定理 2.6 （线性方程组有解判定定理）线性方程组有解的充分必要条件是 $r(\boldsymbol{A})=r(\widetilde{\boldsymbol{A}})$.

推论 若 $r(\boldsymbol{A})\neq r(\widetilde{\boldsymbol{A}})$，则线性方程组无解.

定理 2.7 对于有解性的线性方程组：

(1)若 $r(\boldsymbol{A})=r(\widetilde{\boldsymbol{A}})=n$，则该方程组有唯一解.

(2)若 $r(\boldsymbol{A})=r(\widetilde{\boldsymbol{A}})<n$，则该方程组有无穷多解.

可以进行以下验证，例如，

$$\begin{cases}x_1+2x_2-x_3=4\\x_1-x_2+2x_3=-2.\\2x_1+x_2+x_3=2\end{cases} \tag{2-15}$$

实际上，第一个方程与第二个方程的和为第三个方程，所以此方程与

$$\begin{cases}x_1+2x_2-x_3=4\\x_1-x_2+2x_3=-2\end{cases} \tag{2-16}$$

同解.

显然，方程组(2-16)有无穷多解.

而对方程组(2-15)对应的增广矩阵施行初等变换，有

$$\widetilde{\boldsymbol{A}}=\begin{pmatrix}1&2&-1&4\\1&-1&2&-2\\2&1&1&2\end{pmatrix}\xrightarrow{r_3-r_1}\begin{pmatrix}1&2&-1&4\\1&-1&2&-2\\1&-1&2&-2\end{pmatrix}\xrightarrow[r_3-r_1]{r_2-r_1}$$

$$\begin{pmatrix}1&2&-1&4\\0&-3&3&-6\\0&-3&3&-6\end{pmatrix}\xrightarrow{r_3-r_2}\begin{pmatrix}1&2&-1&4\\0&-3&3&-6\\0&0&0&0\end{pmatrix}.$$

其中，$r(\boldsymbol{A})=r(\widetilde{\boldsymbol{A}})=2<3$，所以，方程组(2-15)有无穷多解.

例 4 判定下列方程组解的情况.

(1)$\begin{cases}x_1+2x_2+x_3=6\\x_1-x_2-x_3=-1\\2x_1+x_2-x_3=3\end{cases}$； (2)$\begin{cases}x_1+x_2+3x_3=5\\2x_1-x_2+x_3=2.\\2x_1-x_2+x_3=4\end{cases}$

解 (1)对此方程组增广矩阵施行初等变换，得

$$\widetilde{\boldsymbol{A}}=\begin{pmatrix}1&2&1&6\\1&-1&-1&-1\\2&1&-1&3\end{pmatrix}\xrightarrow[r_3-2r_1]{r_2-r_1}$$

$$\begin{pmatrix}1&2&1&6\\0&-3&-2&-7\\0&-3&-3&-9\end{pmatrix}\xrightarrow{r_3-r_2}\begin{pmatrix}1&2&1&6\\0&-3&-2&-7\\0&0&-1&-2\end{pmatrix}.$$

可以看出，$r(\boldsymbol{A})=r(\widetilde{\boldsymbol{A}})=3$，所以该方程组有唯一解.

(2)对此方程组增广矩阵施行初等行变换，得

$$\widetilde{\boldsymbol{A}}=\begin{pmatrix}1&1&3&5\\2&-1&1&2\\2&-1&1&4\end{pmatrix}\xrightarrow[r_3-2r_1]{r_2-2r_1}\begin{pmatrix}1&1&3&5\\0&-3&-5&-8\\0&-3&-5&-6\end{pmatrix}\xrightarrow{r_3-r_2}\begin{pmatrix}1&1&3&5\\0&-3&-5&-8\\0&0&0&2\end{pmatrix}.$$

可以看出，$r(\widetilde{\boldsymbol{A}})=3$，$r(\boldsymbol{A})=2$，即 $r(\boldsymbol{A})\neq r(\widetilde{\boldsymbol{A}})$，所以该方程组无解.

推论　未知数个数多于方程个数的齐次线性方程组必有非零解.

思考题：为什么行阶梯形矩阵的秩与其非零行的行数相等？

习　题　2

1. 已知矩阵

$$\boldsymbol{A}=\begin{pmatrix}2&3&4\\0&1&2\\0&0&3\end{pmatrix},\quad \boldsymbol{B}=\begin{pmatrix}1&0&0\\2&3&0\\3&2&1\end{pmatrix},\quad \boldsymbol{C}=\begin{pmatrix}1&0&0\\0&3&0\\0&0&2\end{pmatrix},\quad \boldsymbol{D}=\begin{pmatrix}2&3&4\\5&6&7\end{pmatrix},$$

$$\boldsymbol{E}_2=\begin{pmatrix}1&0\\0&1\end{pmatrix},\quad \boldsymbol{E}_3=\begin{pmatrix}1&0&0\\0&1&0\\0&0&1\end{pmatrix},\quad \boldsymbol{O}=\begin{pmatrix}0&0\\0&0\end{pmatrix},\quad \boldsymbol{F}=\begin{pmatrix}1&2&0\\0&1&2\end{pmatrix}.$$

指出上述矩阵中，哪些矩阵是：

(1)同型矩阵；(2)同阶方阵；(3)对角形矩阵；(4)三角形矩阵；(5)单位矩阵；(6)零矩阵.

2. 已知矩阵

$$\boldsymbol{A}=\begin{pmatrix}2&x_1+x_2&3\\4&0&1\end{pmatrix},\quad \boldsymbol{B}=\begin{pmatrix}2&2&3\\4&0&2x_1-x_2\end{pmatrix}.$$

若 $\boldsymbol{A}=\boldsymbol{B}$，求 x_1，x_2.

3. 设矩阵 $\boldsymbol{A}=\begin{pmatrix}1&1&-1\\-1&1&2\\1&1&3\end{pmatrix}$，$\boldsymbol{B}=\begin{pmatrix}2&1&-1\\1&0&2\\1&2&1\end{pmatrix}$，求 $\boldsymbol{A}+\boldsymbol{B}$，$2\boldsymbol{A}+\boldsymbol{B}^{\mathrm{T}}$，$\boldsymbol{A}-\boldsymbol{B}$.

4. 计算下列矩阵的乘积.

(1) $(1\quad 2\quad 3)\begin{pmatrix}3\\2\\1\end{pmatrix}$；　　(2) $\begin{pmatrix}1&1&2\\2&1&1\end{pmatrix}\begin{pmatrix}2&0&1\\1&0&2\\-1&1&2\end{pmatrix}$；

(3) $\begin{bmatrix} 2 & 0 & 1 & 3 \\ 3 & 2 & 1 & 0 \end{bmatrix}\begin{bmatrix} 1 & 1 \\ 2 & 2 \\ 3 & 3 \\ 4 & 4 \end{bmatrix}$；

(4) $\begin{bmatrix} 3 & 2 \\ 1 & 3 \\ 2 & 1 \end{bmatrix}\begin{bmatrix} 2 & -1 & 5 \\ 1 & 0 & 4 \end{bmatrix}$；

(5) $\begin{bmatrix} 1 & 0 \\ 2 & 1 \end{bmatrix}^4$；

(6) $\begin{bmatrix} 1 & 0 & 0 \\ 0 & 1 & 0 \\ 0 & 0 & 1 \end{bmatrix}\begin{bmatrix} 1 & 2 \\ 5 & 3 \\ 4 & 1 \end{bmatrix}$.

5. 已知矩阵 $\boldsymbol{A}=\begin{bmatrix} 1 & 2 \\ 1 & 2 \end{bmatrix}$，$\boldsymbol{B}=\begin{bmatrix} -1 & -2 \\ 2 & 4 \end{bmatrix}$. 求 $\boldsymbol{AB}$，$\boldsymbol{A}^{\mathrm{T}}\boldsymbol{B}^{\mathrm{T}}$.

6. 已知矩阵 $\boldsymbol{A}=\begin{pmatrix} x & 1 \\ 2 & y \end{pmatrix}$，$\boldsymbol{B}=\begin{pmatrix} 2 & 3 \\ 1 & 2 \end{pmatrix}$，$\boldsymbol{C}=\begin{pmatrix} y+2 & 2y+2 \\ 3x+1 & 6x \end{pmatrix}$，且 $\boldsymbol{AB}=\boldsymbol{C}$，求 x，y.

7. 求下列矩阵的逆矩阵.

(1) $\begin{pmatrix} 1 & 2 \\ 3 & 4 \end{pmatrix}$；

(2) $\begin{bmatrix} 1 & 2 & 3 \\ 1 & 2 & 0 \\ 1 & 0 & 0 \end{bmatrix}$；

(3) $\begin{bmatrix} 2 & 1 & -1 \\ 2 & 1 & 0 \\ 1 & -1 & 1 \end{bmatrix}$；

(4) $\begin{bmatrix} 2 & 0 & 1 \\ 1 & -2 & -1 \\ -1 & 3 & 2 \end{bmatrix}$.

8. 用逆矩阵解方程组 $\begin{cases} 2x_1+2x_2+3x_3=15 \\ x_1-x_2=-1 \\ -x_1+2x_2+x_3=6 \end{cases}$.

9. λ 为何值时方阵 $\boldsymbol{A}=\begin{bmatrix} 1 & 2 & 1 \\ 1 & \lambda & 1 \\ 2 & 4 & 4\lambda \end{bmatrix}$ 是逆矩阵?

10. 求下列矩阵的逆矩阵.

(1) $\begin{pmatrix} 1 & 3 \\ 5 & 7 \end{pmatrix}$；

(2) $\begin{bmatrix} 2 & 2 & 3 \\ 1 & -1 & 0 \\ -1 & 2 & 1 \end{bmatrix}$.

11. 把下列矩阵化为最简行阶梯矩阵.

$$\boldsymbol{A}=\begin{bmatrix} 1 & 3 & 2 \\ 3 & 1 & 1 \\ -1 & 3 & 2 \end{bmatrix},\quad \boldsymbol{B}=\begin{bmatrix} 3 & -5 & 8 & 1 \\ 2 & -3 & 5 & 0 \\ 1 & -1 & 2 & -1 \end{bmatrix},$$

$$
C=\begin{pmatrix}1&-2&-1&0\\-1&0&1&1\\-2&0&2&2\\-1&2&1&0\end{pmatrix},\quad D=\begin{pmatrix}2&2&1\\3&0&0\\4&1&2\\1&-1&0\end{pmatrix}.
$$

12. 求下列矩阵的秩.

(1) $A=\begin{pmatrix}1&-1&1\\1&1&0\\3&2&1\end{pmatrix}$；　　(2) $B=\begin{pmatrix}2&1&-5&4\\3&2&4&1\\1&0&3&2\end{pmatrix}$；

(3) $C=\begin{pmatrix}1&3&2&1&-1\\-1&0&1&2&1\\-2&1&3&6&2\\-2&0&2&4&2\end{pmatrix}$；　　(4) $D=\begin{pmatrix}2&-2&-4&2\\-1&3&4&1\\1&-2&-3&2\\-3&9&12&3\end{pmatrix}$.

13. 判定下列方程组解的情况.

(1) $\begin{cases}3x_1+x_2+x_3=0\\x_1+3x_2+x_3=-2\\x_1+x_2+3x_3=-2\end{cases}$；　　(2) $\begin{cases}3x_1+2x_2+x_3=3\\x_1-x_2-3x_3=-4\\2x_1-2x_2+x_3=-1\end{cases}$；

(3) $\begin{cases}x_1-2x_2+x_3=1\\2x_1+x_2-3x_3=4\\3x_1-x_2-2x_3=5\end{cases}$；　　(4) $\begin{cases}x_1+x_2-2x_3=5\\x_1-2x_2+3x_3=2\\2x_1-4x_2+6x_3=3\end{cases}$.

本章小结

1. 矩阵的概念

$m\times n$ 矩阵是一个由 $m\times n$ 个数排列而成的 m 行 n 列的数表. 它与行列式是不同的概念，n 阶行列式是一个由 $n\times n$ 个数排列而成的 n 行 n 列的算式. “数表”表示的是一组数，而“算式”表示的是一个数值.

2. 矩阵的运算

矩阵有四种运算，这四种运算有其固定运算方式，概括如下：

(1)加法运算是两个同型矩阵的对应元素相加；

(2)数乘运算是数与矩阵中的每个元素相乘；

(3)乘法运算满足的条件是 $A_{m\times s}B_{s\times n}=C_{m\times n}$，其中 $c_{ij}=a_{i1}b_{1j}+a_{i2}b_{2j}+\cdots+a_{is}b_{sj}$，$A=(a_{is})$，$B=(b_{sj})$，$C=(c_{ij})$；

(4)转置是指一个矩阵的行与相应的列互换所得的矩阵.

3. 逆矩阵

逆矩阵在解决矩阵方程 $\boldsymbol{AX}=\boldsymbol{B}$ 中发挥着重要作用. 求逆的方法有两种：

(1) 用伴随矩阵法解决；

(2) 用矩阵的初等变换.

判断矩阵可逆的方法是其行列式不等于零.

4. 矩阵的秩

矩阵的秩是矩阵的一个重要特征. 要记住经过矩阵的初等变换并不改变矩阵的秩，而行阶梯形矩阵的秩与其非零行的行数相等，这样就找到了求矩阵的秩的方法.

5. 矩阵的初等变换

利用矩阵的初等变换可以做到如下工作：

(1) 求矩阵的秩，具体步骤：

①用初等变换把矩阵 $\boldsymbol{A}$ 化为行阶梯形矩阵 $\boldsymbol{B}$；

② $r(\boldsymbol{A})=r(\boldsymbol{B})=\boldsymbol{B}$ 中非零行的行数即为矩阵的秩.

(2) 求逆矩阵 $\left(\boldsymbol{A}\,|\,\boldsymbol{E}\xrightarrow{\text{初等行变换}}\boldsymbol{E}\,|\,\boldsymbol{A}^{-1}\right)$.

测试题 2

一、填空题

1. $\begin{pmatrix}1&2\\0&1\end{pmatrix}+2\begin{pmatrix}0&0\\1&2\end{pmatrix}+3\begin{pmatrix}1&0\\2&0\end{pmatrix}=$________；

2. 已知 $\boldsymbol{A}=\begin{pmatrix}2&0\\0&2\end{pmatrix}$，则 $\boldsymbol{A}^{-1}=$________；

3. 已知 $\boldsymbol{A}$ 为三阶方阵，且 $|\boldsymbol{A}|=2$ 则 $|2\boldsymbol{A}|=$________；

4. 已知 $\boldsymbol{A}=\begin{pmatrix}2&0&-1\\1&3&2\end{pmatrix}$，$\boldsymbol{B}=\begin{pmatrix}1&7&-1\\4&2&3\\2&0&1\end{pmatrix}$，则 $\boldsymbol{AB}=$________；$\boldsymbol{B}^{\mathrm{T}}\boldsymbol{A}^{\mathrm{T}}=$________；

5. 已知 $\boldsymbol{A}=\begin{pmatrix}2&3&4\\5&6&7\end{pmatrix}$，则 $\boldsymbol{AE}_3=$________；

6. 已知 $\boldsymbol{A}=\begin{pmatrix}2&0&0\\0&2&0\\0&0&2\end{pmatrix}$，则 $\boldsymbol{A}^3=$________；

7. 若矩阵 $\boldsymbol{A}$ 为 3×4 矩阵，矩阵 $\boldsymbol{B}$ 为 4×2 矩阵，则 $\boldsymbol{AB}$ 是________矩阵.

二、选择题

1. 有矩阵 $\boldsymbol{A}_{3\times2}$、$\boldsymbol{B}_{2\times3}$、$\boldsymbol{C}_{3\times3}$，下列(　　)运算可行.

A. $\boldsymbol{AC}$　　B. $\boldsymbol{BC}$　　C. $\boldsymbol{ACB}$　　D. $\boldsymbol{AB}-\boldsymbol{BC}$

2. 设 $\boldsymbol{A},\boldsymbol{B}$ 均为 n 阶方阵，满足 $\boldsymbol{AB}=\boldsymbol{O}$，则(　　).

A. $\boldsymbol{A}=\boldsymbol{B}=\boldsymbol{O}$　　B. $\boldsymbol{A}+\boldsymbol{B}=\boldsymbol{O}$

C. $|\boldsymbol{A}|=0$ 或 $|\boldsymbol{B}|=0$　　D. $|\boldsymbol{A}|+|\boldsymbol{B}|=0$

3. 已知矩阵 $\boldsymbol{A}$ 经过初等变换后得 $\boldsymbol{B}=\begin{pmatrix}3&1&2\\0&2&1\\0&0&0\end{pmatrix}$，则 $r(\boldsymbol{A})=$(　　).

A. 0　　B. 1　　C. 2　　D. 3

4. 若矩阵 $\boldsymbol{A}$ 是可逆矩阵，则下列说法中不正确的是(　　).

A. 矩阵 $\boldsymbol{A}$ 必是方阵

B. $|\boldsymbol{A}|=0$

C. $\boldsymbol{A}^{-1}=\dfrac{1}{|\boldsymbol{A}|}\boldsymbol{A}^*$，其中 $\boldsymbol{A}^*$ 为 $\boldsymbol{A}$ 的伴随矩阵

D. 矩阵 $\boldsymbol{A}=\begin{pmatrix}1\\2\\4\end{pmatrix}$ 经过初等变换一定能化为单位矩阵

5. 设 $\boldsymbol{A}$ 为 3 阶方阵，如果 $\boldsymbol{A}^2=\boldsymbol{O}$，则下式中成立的是(　　).

A. $\boldsymbol{A}=\boldsymbol{O}$　　B. $r(\boldsymbol{A})=2$　　C. $\boldsymbol{A}^3=\boldsymbol{O}$　　D. $|\boldsymbol{A}|\neq0$

三、计算题

1. 设 $\boldsymbol{A}=\begin{pmatrix}2&0\\1&2\end{pmatrix}$，$\boldsymbol{B}=\begin{pmatrix}1&0\\1&0\end{pmatrix}$，求 $\boldsymbol{A}+2\boldsymbol{B}^{\mathrm{T}}$.

2. 已知 $\boldsymbol{A}=\begin{pmatrix}0&1&-1\\1&1&2\\-1&-1&-1\end{pmatrix}$，求 $\boldsymbol{A}^*$，$\boldsymbol{A}^{-1}$.

3. 设 $\boldsymbol{A}=\begin{pmatrix}1&-1&2\\2&1&3\\4&k&7\end{pmatrix}$，求：当 k 为何值时，$r(\boldsymbol{A})=3$；当 k 为何值时，$r(\boldsymbol{A})<3$.

第 3 章

向量组的线性相关性

学习目标：

(1)了解向量的概念，掌握向量的线性运算.

(2)理解向量线性组合的概念，能够判断一个向量是否能由其他向量线性表示.

(3)理解向量组的线性相关与线性无关的概念，掌握判定向量组的相关性的基本方法.

(4)理解向量组的极大无关组和秩的概念，会求向量组的极大无关组和秩.

3.1 向量的概念及其运算

3.1.1 n 维向量的概念

在解析几何中，平面二维向量与由两个数组成的有序数组(x,y)一一对应，确定了平面上的点；空间三维向量与由三个数组成的有序数组(x,y,z)一一对应，确定了空间上的点. 在实际生活中的许多问题，都会遇到有序数组. 例如，把某个班级每个学生的成绩按照语文、数学、外语、物理、化学的顺序排列起来，就得到一个由5个数确定的有序数组；把某工厂每年中生产产品的销售额按月份排列起来，就得到一个由12个数确定的有序数组.

定义 3.1 由 n 个数 $a_1,a_2,\cdots,a_n$ 组成的一个有序数组称为 n **维向量**. 一般地，用希腊字母 $\boldsymbol{\alpha},\boldsymbol{\beta},\boldsymbol{\gamma},\cdots$表示向量.

$$\boldsymbol{\alpha}=\begin{pmatrix}a_1\\a_2\\\vdots\\a_n\end{pmatrix} \tag{3-1}$$

称为 n 维行向量，其中 $a_i(i=1,2,\cdots,n)$称为向量 $\boldsymbol{\alpha}$ 的第 i 个分量(或坐标)；

$$\boldsymbol{\alpha}^{\mathrm{T}}=(a_1,a_2,\cdots,a_n) \tag{3-2}$$

称为 n 维行向量，其中 $a_i(i=1,2,\cdots,n)$ 称为向量 $\boldsymbol{\alpha}$ 的第 i 个分量(或坐标).

如果将向量看作矩阵，n 维行向量可以理解成 $1\times n$ 矩阵，n 维列向量可以理解成 $n\times 1$ 矩阵. 用矩阵的转置的方法可以将它们相互转化，即

$$(a_1,a_2,\cdots,a_n)^{\mathrm{T}}=\begin{pmatrix}a_1\\a_2\\\vdots\\a_n\end{pmatrix}\quad\text{或}\quad\begin{pmatrix}a_1\\a_2\\\vdots\\a_n\end{pmatrix}^{\mathrm{T}}=(a_1,a_2,\cdots,a_n).\tag{3-3}$$

由 m 个 n 维向量 $\boldsymbol{\alpha}_1,\boldsymbol{\alpha}_2,\cdots,\boldsymbol{\alpha}_m$ 组成的集合称为**向量组**.

定义 3.2　两个 n 维向量 $\boldsymbol{\alpha}=(a_1,a_2,\cdots,a_n)^{\mathrm{T}}$ 和 $\boldsymbol{\beta}=(b_1,b_2,\cdots,b_n)^{\mathrm{T}}$，如果它们的对应分量都相等，即 $a_i=b_i(i=1,2,\cdots,n)$，则称向量 $\boldsymbol{\alpha}$ 和向量 $\boldsymbol{\beta}$ 相等，记为 $\boldsymbol{\alpha}=\boldsymbol{\beta}$.

所有分量都为零的向量称为**零向量**，记为 $\mathbf{0}$，即 $\mathbf{0}=(0,0,\cdots 0)$.

由向量 $\boldsymbol{\alpha}=(a_1,a_2,\cdots,a_n)^{\mathrm{T}}$ 的各分量的相反数组成的向量 $(-a_1,-a_2,\cdots,-a_n)^{\mathrm{T}}$，称为**向量 $\boldsymbol{\alpha}$** 的负向量，记为 $-\boldsymbol{\alpha}$. 即

$$-\boldsymbol{\alpha}=(-a_1,-a_2,\cdots,-a_n)^{\mathrm{T}}.$$

注意：n 维向量是解析几何中向量的推广. 当 $n=2$ 时，它是二维空间中的向量；当 $n=3$ 时，它是三维空间中的向量. 但当 $n>3$ 时，n 维向量就没有直观的几何意义了，只是沿用了几何上向量的术语.

3.1.2　n 维向量的运算及运算律

1. 向量的加法

定义 3.3　两个 n 维向量 $\boldsymbol{\alpha}=(a_1,a_2,\cdots,a_n)^{\mathrm{T}}$ 和 $\boldsymbol{\beta}=(b_1,b_2,\cdots,b_n)^{\mathrm{T}}$，各分量之和所组成的向量，称为向量 $\boldsymbol{\alpha}$ 和向量 $\boldsymbol{\beta}$ 的和，记为 $\boldsymbol{\alpha}+\boldsymbol{\beta}$. 即

$$\boldsymbol{\alpha}+\boldsymbol{\beta}=(a_1+b_1,a_2+b_2,\cdots,a_n+b_n)^{\mathrm{T}}.\tag{3-4}$$

由向量的加法及负向量的定义，可定义向量的减法：

$$\begin{aligned}\boldsymbol{\alpha}-\boldsymbol{\beta}&=\boldsymbol{\alpha}+(-\boldsymbol{\beta})\\&=(a_1,a_2,\cdots,a_n)\mathrm{T}+(-b_1,-b_2,\cdots,-b_n)^{\mathrm{T}}\\&=(a_1-b_1,a_2-b_2,\cdots,a_n-b_n)^{\mathrm{T}}.\end{aligned}\tag{3-5}$$

2. 向量的数乘

定义 3.4　n 维向量 $\boldsymbol{\alpha}=(a_1,a_2,\cdots,a_n)^{\mathrm{T}}$ 的各分量都乘以数 k 所组成的向量，称为数 k 与向量 $\boldsymbol{\alpha}$ 的乘积，记为 $k\boldsymbol{\alpha}$. 即

$$k\boldsymbol{\alpha}=(ka_1,ka_2,\cdots,ka_n)^{\mathrm{T}}.\tag{3-6}$$

向量的加、减法和数乘运算统称**向量的线性运算**. 它满足下列运算律：

(1) $\boldsymbol{\alpha}+\boldsymbol{\beta}=\boldsymbol{\beta}+\boldsymbol{\alpha}$；

(2) $(\boldsymbol{\alpha}+\boldsymbol{\beta})+\boldsymbol{\gamma}=\boldsymbol{\alpha}+(\boldsymbol{\beta}+\boldsymbol{\gamma})$；

(3)$\boldsymbol{\alpha}+\mathbf{0}=\mathbf{0}+\boldsymbol{\alpha}=\boldsymbol{\alpha}$;

(4)$\boldsymbol{\alpha}+(-\boldsymbol{\alpha})=\mathbf{0}$;

(5)$1\cdot\boldsymbol{\alpha}=\boldsymbol{\alpha}$;

(6)$k(l\boldsymbol{\alpha})=l(k\boldsymbol{\alpha})=(kl)\boldsymbol{\alpha}$;

(7)$k(\boldsymbol{\alpha}+\boldsymbol{\beta})=k\boldsymbol{\alpha}+k\boldsymbol{\beta}$;

(8)$(k+l)\boldsymbol{\alpha}=k\boldsymbol{\alpha}+l\boldsymbol{\alpha}$.

其中,$\boldsymbol{\alpha}$、$\boldsymbol{\beta}$、$\boldsymbol{\gamma}$ 都是 n 维向量;k、l 表示数.

例 1 设 $\boldsymbol{\alpha}=(1,-1,2,0)^{\mathrm{T}}$,$\boldsymbol{\beta}=(2,1,3,5)^{\mathrm{T}}$,求 $2\boldsymbol{\alpha}+3\boldsymbol{\beta}$.

解
$$\begin{aligned}2\boldsymbol{\alpha}+3\boldsymbol{\beta}&=2(1,-1,2,0)^{\mathrm{T}}+3(2,1,3,5)^{\mathrm{T}}\\&=(2,-2,4,0)^{\mathrm{T}}+(6,3,9,15)^{\mathrm{T}}\\&=(8,1,13,15)^{\mathrm{T}}.\end{aligned}$$

例 2 设 $3(\boldsymbol{\alpha}_1-\boldsymbol{\alpha})+(\boldsymbol{\alpha}_2+\boldsymbol{\alpha})=2(\boldsymbol{\alpha}_3+\boldsymbol{\alpha})$,其中 $\boldsymbol{\alpha}_1=(2,5,1)^{\mathrm{T}}$,$\boldsymbol{\alpha}_2=(4,1,5)^{\mathrm{T}}$,$\boldsymbol{\alpha}_3=(1,0,-2)^{\mathrm{T}}$,求 $\boldsymbol{\alpha}$.

解 由 $3(\boldsymbol{\alpha}_1-\boldsymbol{\alpha})+(\boldsymbol{\alpha}_2+\boldsymbol{\alpha})=2(\boldsymbol{\alpha}_3+\boldsymbol{\alpha})$,

得
$$3\boldsymbol{\alpha}_1-3\boldsymbol{\alpha}+\boldsymbol{\alpha}_2+\boldsymbol{\alpha}=2\boldsymbol{\alpha}_3+2\boldsymbol{\alpha},$$
$$4\boldsymbol{\alpha}=3\boldsymbol{\alpha}_1+\boldsymbol{\alpha}_2-2\boldsymbol{\alpha}_3,$$
$$\begin{aligned}\boldsymbol{\alpha}&=\frac{1}{4}(3\boldsymbol{\alpha}_1+\boldsymbol{\alpha}_2-2\boldsymbol{\alpha}_3)\\&=\frac{1}{4}[(6,15,3)^{\mathrm{T}}+(4,1,5)^{\mathrm{T}}-(2,0,-4)^{\mathrm{T}}]\\&=\frac{1}{4}(8,16,12)^{\mathrm{T}}\\&=(2,4,3)^{\mathrm{T}}.\end{aligned}$$

由向量的线性运算,可以将线性方程组写成向量的形式.

对于线性方程组

$$\begin{cases}a_{11}x_1+a_{12}x_2+\cdots+a_{1n}x_n=b_1\\a_{21}x_1+a_{22}x_2+\cdots+a_{2n}x_n=b_2\\\cdots\cdots\\a_{m1}x_1+a_{m2}x_2+\cdots+a_{mn}x_n=b_m\end{cases},\tag{3-7}$$

将 $x_1,x_2,\cdots,x_n$ 前面的系数和常数项分别按次序写成 m 维向量,即

$$\boldsymbol{\alpha}_1=\begin{pmatrix}a_{11}\\a_{21}\\\vdots\\a_{m1}\end{pmatrix},\quad\boldsymbol{\alpha}_2=\begin{pmatrix}a_{12}\\a_{22}\\\vdots\\a_{m2}\end{pmatrix},\quad\cdots,\quad\boldsymbol{\alpha}_n=\begin{pmatrix}a_{1n}\\a_{2n}\\\vdots\\a_{mn}\end{pmatrix},\quad\boldsymbol{\beta}=\begin{pmatrix}b_1\\b_2\\\vdots\\b_m\end{pmatrix}.$$

那么,根据向量的运算,就可以把这个线性方程组改写成向量的形式,即

$$\boldsymbol{\alpha}_1 x_1+\boldsymbol{\alpha}_2 x_2+\cdots+\boldsymbol{\alpha}_n x_n=\boldsymbol{\beta}. \tag{3-8}$$

例 3　将线性方程组$\begin{cases}x_1+x_2+x_3=5\\2x_1+3x_2-x_3=2\\3x_1-x_2+2x_3=3\end{cases}$写成向量的形式.

解　令

$$\boldsymbol{\alpha}_1=\begin{pmatrix}1\\2\\3\end{pmatrix},\quad \boldsymbol{\alpha}_2=\begin{pmatrix}1\\3\\-1\end{pmatrix},\quad \boldsymbol{\alpha}_3=\begin{pmatrix}1\\-1\\2\end{pmatrix},\quad \boldsymbol{\beta}=\begin{pmatrix}5\\2\\3\end{pmatrix},$$

则此线性方程组的向量形式为

$$\begin{pmatrix}1\\2\\3\end{pmatrix}x_1+\begin{pmatrix}1\\3\\-1\end{pmatrix}x_2+\begin{pmatrix}1\\-1\\2\end{pmatrix}x_3=\begin{pmatrix}5\\2\\3\end{pmatrix},$$

即

$$\boldsymbol{\alpha}_1 x_1+\boldsymbol{\alpha}_2 x_2+\boldsymbol{\alpha}_3 x_3=\boldsymbol{\beta}.$$

3.2　向量组的线性相关性

向量之间存在着某种关系. 例如,二维向量 $\boldsymbol{\alpha}_1=(1,2)^{\mathrm{T}}$,$\boldsymbol{\alpha}_2=(2,4)^{\mathrm{T}}$,即 $\boldsymbol{\alpha}_2=2\boldsymbol{\alpha}_1$,则在二维空间中向量 $\boldsymbol{\alpha}_1$、$\boldsymbol{\alpha}_2$ 共线;三维向量 $\boldsymbol{\alpha}=(1,2,3)^{\mathrm{T}}$,$\boldsymbol{\beta}=(2,0,1)^{\mathrm{T}}$,$\boldsymbol{\gamma}=(3,2,4)^{\mathrm{T}}$,即 $\boldsymbol{\gamma}=\boldsymbol{\alpha}+\boldsymbol{\beta}$,则在三维空间中向量 $\boldsymbol{\alpha}$、$\boldsymbol{\beta}$、$\boldsymbol{\gamma}$ 共面. 向量 $\boldsymbol{\alpha}_1$、$\boldsymbol{\alpha}_2$ 及向量 $\boldsymbol{\alpha}$、$\boldsymbol{\beta}$、$\boldsymbol{\gamma}$ 之间的这种关系称为线性关系.

3.2.1　向量组的线性组合

定义 3.5　对于给定的 n 维向量 $\boldsymbol{\beta}$,$\boldsymbol{\alpha}_1$,$\boldsymbol{\alpha}_2$,$\cdots$,$\boldsymbol{\alpha}_s$,如果存在一组数 k_1,k_2,$\cdots$,k_s,使关系式

$$\boldsymbol{\beta}=k_1\boldsymbol{\alpha}_1+k_2\boldsymbol{\alpha}_2+\cdots+k_s\boldsymbol{\alpha}_s$$

成立,则称向量 $\boldsymbol{\beta}$ 是向量组 $\boldsymbol{\alpha}_1$,$\boldsymbol{\alpha}_2$,$\cdots$,$\boldsymbol{\alpha}_s$ 的线性组合,或称向量 $\boldsymbol{\beta}$ 能由向量组 $\boldsymbol{\alpha}_1$,$\boldsymbol{\alpha}_2$,$\cdots$,$\boldsymbol{\alpha}_s$ 线性表示.

上例中 $\boldsymbol{\gamma}=\boldsymbol{\alpha}+\boldsymbol{\beta}$,即 $\boldsymbol{\gamma}$ 是 $\boldsymbol{\alpha}$、$\boldsymbol{\beta}$ 的线性组合,或称 $\boldsymbol{\gamma}$ 可由 $\boldsymbol{\alpha}$、$\boldsymbol{\beta}$ 线性表示.

由定义可知:

(1)n 维零向量 $\mathbf{0}$ 是任何 n 维向量组 $\boldsymbol{\alpha}_1$,$\boldsymbol{\alpha}_2$,$\cdots$,$\boldsymbol{\alpha}_s$ 的线性组合.

因为　$\mathbf{0}=0\boldsymbol{\alpha}_1+0\boldsymbol{\alpha}_2+\cdots+0\boldsymbol{\alpha}_s.$

(2)任何一个 n 维向量 $\boldsymbol{\alpha}=(a_1,a_2,\cdots,a_n)^{\mathrm{T}}$ 都是 n 维向量 $\boldsymbol{\varepsilon}_1=(1,0,\cdots,0)^{\mathrm{T}}$,$\boldsymbol{\varepsilon}_2=(0,1,\cdots,0)^{\mathrm{T}}$,$\cdots$,$\boldsymbol{\varepsilon}_n=(0,0,\cdots,1)^{\mathrm{T}}$ 的线性组合.

因为
$$\begin{aligned}\boldsymbol{\alpha}&=(a_1,a_2,\cdots,a_n)^{\mathrm{T}}\\&=(a_1,0,\cdots,0)^{\mathrm{T}}+(0,a_2,\cdots,0)^{\mathrm{T}}+(0,0,a_n)^{\mathrm{T}}\\&=a_1(1,0,\cdots,0)^{\mathrm{T}}+a_2(0,1,\cdots,0)^{\mathrm{T}}+a_n(0,0,\cdots,)^{\mathrm{T}}\\&=a_1\boldsymbol{\varepsilon}_1+a_2\boldsymbol{\varepsilon}_2+\cdots+a_n\boldsymbol{\varepsilon}_n.\end{aligned}$$
把 n 维向量 $\boldsymbol{\varepsilon}_1=(1,0,\cdots,0)^{\mathrm{T}},\boldsymbol{\varepsilon}_2=(0,1,\cdots,0)^{\mathrm{T}},\cdots,\boldsymbol{\varepsilon}_n=(0,0,\cdots,1)^{\mathrm{T}}$ 称为 n 维单位向量.

(3)向量组 $\boldsymbol{\alpha}_1,\boldsymbol{\alpha}_2,\cdots,\boldsymbol{\alpha}_s$ 中的任一向量 $\boldsymbol{\alpha}_j(1\leqslant j\leqslant s)$ 都是此向量组的线性组合.

因为 $\boldsymbol{\alpha}_j=0\cdot\boldsymbol{\alpha}_1+\cdots+1\cdot\boldsymbol{\alpha}_j+\cdots+0\cdot\boldsymbol{\alpha}_s$.

例 1 设 $\boldsymbol{\beta}=(3,2,8)^{\mathrm{T}},\boldsymbol{\alpha}_1=(1,1,3)^{\mathrm{T}},\boldsymbol{\alpha}_2=(1,0,2)^{\mathrm{T}}$,判断向量 $\boldsymbol{\beta}$ 能否由向量组 $\boldsymbol{\alpha}_1$、$\boldsymbol{\alpha}_2$ 线性表示?

因为 $\boldsymbol{\beta}=2\boldsymbol{\alpha}_1+\boldsymbol{\alpha}_2$,所以向量 $\boldsymbol{\beta}$ 能由向量组 $\boldsymbol{\alpha}_1$、$\boldsymbol{\alpha}_2$ 线性表示.

由定义 3.5 可得如下结论:

一般地,对于向量$\boldsymbol{\beta}=(b_1,b_2,\cdots,b_n)^{\mathrm{T}}$, $\boldsymbol{\alpha}_1=(a_{11},a_{21},\cdots,a_{n1})^{\mathrm{T}}$,
$\boldsymbol{\alpha}_2=(a_{12},a_{22},\cdots,a_{n2})^{\mathrm{T}}$, $\cdots$, $\boldsymbol{\alpha}_s=(a_{1s},a_{2s},\cdots,a_{ns})^{\mathrm{T}}$,
判断向量 $\boldsymbol{\beta}$ 能否由 $\boldsymbol{\alpha}_1,\boldsymbol{\alpha}_2,\cdots,\boldsymbol{\alpha}_s$ 线性表示的方法是:设存在一组数 $k_1,k_2,\cdots,k_s$,使
$$\boldsymbol{\beta}=k_1\boldsymbol{\alpha}_1+k_2\boldsymbol{\alpha}_2+\cdots+k_s\boldsymbol{\alpha}_s,$$
根据向量线性运算和向量相等的定义,有
$$\begin{cases}a_{11}k_1+a_{12}k_2+\cdots+a_{1s}k_s=b_1\\a_{21}k_1+a_{22}k_2+\cdots+a_{2s}k_s=b_2\\\cdots\cdots\\a_{n1}k_1+a_{n2}k_2+\cdots+a_{ns}k_s=b_n\end{cases}$$
这个方程组可以看作 $k_1,k_2,\cdots,k_s$ 为未知数的线性方程组,解此方程组:

(1)若上述方程组有唯一解,则向量 $\boldsymbol{\beta}$ 能由向量组 $\boldsymbol{\alpha}_1,\boldsymbol{\alpha}_2,\cdots,\boldsymbol{\alpha}_s$ 唯一线性表示;

(2)若上述方程组有无穷多解,则向量 $\boldsymbol{\beta}$ 能由向量组 $\boldsymbol{\alpha}_1,\boldsymbol{\alpha}_2,\cdots,\boldsymbol{\alpha}_s$ 线性表示,且表示不唯一;

(3)若上述方程组无解,则向量 $\boldsymbol{\beta}$ 不能由向量组 $\boldsymbol{\alpha}_1,\boldsymbol{\alpha}_2,\cdots,\boldsymbol{\alpha}_s$ 线性表示.

例 2 判断向量 $\boldsymbol{\beta}$ 能否由向量组 $\boldsymbol{\alpha}_1,\boldsymbol{\alpha}_2,\boldsymbol{\alpha}_3$ 线性表示?若能,写出一个具体表示式.其中

$\boldsymbol{\beta}=(3,0,1)^{\mathrm{T}}$, $\boldsymbol{\alpha}_1=(1,-1,2)^{\mathrm{T}}$, $\boldsymbol{\alpha}_2=(2,1,-1)^{\mathrm{T}}$, $\boldsymbol{\alpha}_3=(1,1,2)^{\mathrm{T}}$.

解 设有三个数 k_1,k_2,k_3,使
$$\boldsymbol{\beta}=k_1\boldsymbol{\alpha}_1+k_2\boldsymbol{\alpha}_2+k_3\boldsymbol{\alpha}_3,$$
即
$$\begin{pmatrix}3\\0\\1\end{pmatrix}=k_1\begin{pmatrix}1\\-1\\2\end{pmatrix}+k_2\begin{pmatrix}2\\1\\-1\end{pmatrix}+k_3\begin{pmatrix}1\\1\\2\end{pmatrix}.$$

根据向量线性运算和向量相等的定义，有

$$\begin{cases} k_1+2k_2+k_3=3 \\ -k_1+k_2+k_3=0, \\ 2k_1-k_2+2k_3=1 \end{cases}$$

这个方程组可以看作 k_1,k_2,k_3 为未知数的线性方程组，解此方程组得

$$\begin{cases} k_1=1 \\ k_2=1, \\ k_3=0 \end{cases}$$

所以 $\boldsymbol{\beta}=1\cdot\boldsymbol{\alpha}_1+1\cdot\boldsymbol{\alpha}_2+0\cdot\boldsymbol{\alpha}_3$，即向量 $\boldsymbol{\beta}$ 能由向量组 $\boldsymbol{\alpha}_1,\boldsymbol{\alpha}_2,\boldsymbol{\alpha}_3$ 线性表示，并且表示式只有一种.

例 3 判断向量 $\boldsymbol{\beta}$ 能否由向量组 $\boldsymbol{\alpha}_1,\boldsymbol{\alpha}_2,\boldsymbol{\alpha}_3$ 线性表示. 若能，写出一个具体表示式. 其中

$\boldsymbol{\beta}=(-1,-3,3)^{\mathrm{T}}$, $\boldsymbol{\alpha}_1=(1,-1,2)^{\mathrm{T}}$, $\boldsymbol{\alpha}_2=(-1,-1,1)^{\mathrm{T}}$, $\boldsymbol{\alpha}_3=(1,1,-1)^{\mathrm{T}}$.

解 设有三个数 k_1,k_2,k_3，使

$$\boldsymbol{\beta}=k_1\boldsymbol{\alpha}_1+k_2\boldsymbol{\alpha}_2+k_3\boldsymbol{\alpha}_3,$$

即

$$\begin{pmatrix}-1\\-3\\3\end{pmatrix}=k_1\begin{pmatrix}1\\-1\\2\end{pmatrix}+k_2\begin{pmatrix}-1\\-1\\1\end{pmatrix}+k_3\begin{pmatrix}1\\1\\-1\end{pmatrix}.$$

根据向量线性运算和向量相等的定义，有

$$\begin{cases} k_1-k_2+k_3=-1 \\ -k_1-k_2+k_3=-3. \\ 2k_1+k_2-k_3=3 \end{cases}$$

这个方程组可以看作 k_1,k_2,k_3 为未知数的线性方程组. 解方程组(加减消元法)，可知它无解，所以向量 $\boldsymbol{\beta}$ 不能由向量组 $\boldsymbol{\alpha}_1,\boldsymbol{\alpha}_2,\boldsymbol{\alpha}_3$ 线性表示.

3.2.2 向量组线性相关与线性无关

定义 3.6 设有向量组 $\boldsymbol{\alpha}_1,\boldsymbol{\alpha}_2,\cdots,\boldsymbol{\alpha}_s$，如果存在不全为零的数 $k_1,k_2,\cdots,k_s$，使

$$k_1\boldsymbol{\alpha}_1+k_2\boldsymbol{\alpha}_2+\cdots+k_s\boldsymbol{\alpha}_s=\mathbf{0}$$

成立，则称向量组 $\boldsymbol{\alpha}_1,\boldsymbol{\alpha}_2,\cdots,\boldsymbol{\alpha}_s$ 线性相关；如果当且仅当 $k_1=k_2=\cdots=k_m=0$ 时上式成立，则称向量组 $\boldsymbol{\alpha}_1,\boldsymbol{\alpha}_2,\cdots,\boldsymbol{\alpha}_m$ 线性无关.

向量组线性相关与线性无关统称向量组的线性相关性.

事实上，向量组的线性相关在二维空间和三维空间中有直观的几何意义. 例如，二维向量 $\boldsymbol{\alpha}_1=(1,2)^{\mathrm{T}}$，$\boldsymbol{\alpha}_2=(2,4)^{\mathrm{T}}$，在二维空间中向量 $\boldsymbol{\alpha}_1,\boldsymbol{\alpha}_2$ 共线，因 $2\boldsymbol{\alpha}_1+$

$(-1)\boldsymbol{\alpha}_2=\mathbf{0}$,所以 $\boldsymbol{\alpha}_1$ 与 $\boldsymbol{\alpha}_2$ 线性相关;三维向量 $\boldsymbol{\alpha}=(1,2,3)^{\mathrm{T}}$,$\boldsymbol{\beta}=(2,0,1)^{\mathrm{T}}$,$\boldsymbol{\gamma}=(3,2,4)^{\mathrm{T}}$,即 $\boldsymbol{\gamma}=\boldsymbol{\alpha}+\boldsymbol{\beta}$,在三维空间中向量 $\boldsymbol{\alpha},\boldsymbol{\beta},\boldsymbol{\gamma}$ 共面,因 $\boldsymbol{\alpha}+\boldsymbol{\beta}+(-1)\boldsymbol{\gamma}=\mathbf{0}$,$\boldsymbol{\alpha},\boldsymbol{\beta},\boldsymbol{\gamma}$ 线性相关.

由定义可知:

(1)含有零向量的向量组 $\mathbf{0},\boldsymbol{\alpha}_1,\boldsymbol{\alpha}_2,\cdots,\boldsymbol{\alpha}_m$ 线性相关.

因为对任意的数 $k\neq0$,必有

$$k\cdot\mathbf{0}+0\cdot\boldsymbol{\alpha}_1+0\cdot\boldsymbol{\alpha}_2+\cdots+0\cdot\boldsymbol{\alpha}_m=\mathbf{0}$$

成立,由定义知结论成立.

(2)单独一个零向量线性相关;单独一个非零向量线性无关.

例 4 由 n 个 n 维单位向量 $\boldsymbol{\varepsilon}_1=(1,0,\cdots,0)^{\mathrm{T}}$,$\boldsymbol{\varepsilon}_2=(0,1,\cdots,0)^{\mathrm{T}}$,$\boldsymbol{\varepsilon}_n=(0,0,\cdots,1)^{\mathrm{T}}$ 组成的向量组线性无关.

解 设有 n 个数 $k_1,k_2,\cdots,k_n$,使

$$k_1\boldsymbol{\varepsilon}_1+k_2\boldsymbol{\varepsilon}_2+\cdots+k_n\boldsymbol{\varepsilon}_n=\mathbf{0},$$

也就是

$$\begin{aligned}&k_1(1,0,\cdots,0)^{\mathrm{T}}+k_2(0,1,\cdots,0)^{\mathrm{T}}+\cdots+k_n(0,0,\cdots,1)^{\mathrm{T}}\\=&(k_1,k_2,\cdots,k_n)^{\mathrm{T}}\\=&(0,0,\cdots,0)^{\mathrm{T}}.\end{aligned}$$

于是

$$k_1=k_2=\cdots=k_n=0,$$

所以 n 个 n 维单位向量 $\boldsymbol{\varepsilon}_1,\boldsymbol{\varepsilon}_2,\cdots,\boldsymbol{\varepsilon}_n$ 的向量组线性无关.

类似地,根据定义,利用向量线性运算和向量相等,可以得到齐次线性方程组.若方程组有非零解,则该向量组线性相关;若方程组只有零解,则该向量组线性无关.

事实上,也可以根据矩阵秩的概念判断向量组的线性相关性.例如,二维向量 $\boldsymbol{\alpha}_1=(1,2)^{\mathrm{T}}$,$\boldsymbol{\alpha}_2=(2,4)^{\mathrm{T}}$ 线性相关,用 $\boldsymbol{\alpha}_1$ 和 $\boldsymbol{\alpha}_2$ 作为行所排成的矩阵的秩小于 2;又如,向量 $\boldsymbol{\alpha}_3=(1,3)^{\mathrm{T}}$,$\boldsymbol{\alpha}_1$ 与 $\boldsymbol{\alpha}_3$ 线性无关,用 $\boldsymbol{\alpha}_1$ 和 $\boldsymbol{\alpha}_3$ 作为行所排成的矩阵的秩等于 2.同理,三维空间中向量 $\boldsymbol{\alpha},\boldsymbol{\beta},\boldsymbol{\gamma}$ 线性相关,则用它们作为行所排成的矩阵的秩小于 3,否则矩阵的秩等于 3.由此可见,向量组的线性相关性完全可以由这组向量作为行所排成的矩阵的秩是多少而得知.这样就有下面的结论.

定理 3.1 设有 n 维向量组 $\boldsymbol{\alpha}_1,\boldsymbol{\alpha}_2,\cdots,\boldsymbol{\alpha}_m(m>1)$,将它们按行排列成一 $m\times n$ 矩阵 $\boldsymbol{A}$,记矩阵 $\boldsymbol{A}$ 的秩为 r,那么当 $r<m$ 时,向量组 $\boldsymbol{\alpha}_1,\boldsymbol{\alpha}_2,\cdots,\boldsymbol{\alpha}_m$ 线性相关;当 $r=m$ 时,向量组 $\boldsymbol{\alpha}_1,\boldsymbol{\alpha}_2,\cdots,\boldsymbol{\alpha}_m$ 线性无关.

例 4 中,n 维单位向量 $\boldsymbol{\varepsilon}_1=(1,0,\cdots,0)^{\mathrm{T}}$,$\boldsymbol{\varepsilon}_2=(0,1,\cdots,0)^{\mathrm{T}}$,$\boldsymbol{\varepsilon}_n=(0,0,\cdots,1)^{\mathrm{T}}$ 按行所排列的矩阵的秩为 n,所以 n 个 n 维单位向量 $\boldsymbol{\varepsilon}_1,\boldsymbol{\varepsilon}_2,\cdots,\boldsymbol{\varepsilon}_n$ 的向量组线性

无关.

例 5　判断向量组 $\boldsymbol{\alpha}_1=(1,0,1)^{\mathrm{T}},\boldsymbol{\alpha}_2=(0,1,2)^{\mathrm{T}},\boldsymbol{\alpha}_3=(2,1,-1)^{\mathrm{T}}$ 的线性相关性.

解　将向量组排列矩阵,并施行初等行变换.

$$\boldsymbol{A}=\begin{pmatrix}1&0&2\\0&1&1\\1&2&-1\end{pmatrix}\xrightarrow{r_3-r_1}\begin{pmatrix}1&0&2\\0&1&1\\0&2&-3\end{pmatrix}\xrightarrow{r_3-2r_2}\begin{pmatrix}1&0&2\\0&1&1\\0&0&-5\end{pmatrix}.$$

所以 $r(\boldsymbol{A})=3$,向量组 $\boldsymbol{\alpha}_1,\boldsymbol{\alpha}_2,\boldsymbol{\alpha}_3$ 线性无关.

例 6　判断向量组 $\boldsymbol{\alpha}_1=(1,-1,1)^{\mathrm{T}},\boldsymbol{\alpha}_2=(0,1,2)^{\mathrm{T}},\boldsymbol{\alpha}_3=(-1,2,3)^{\mathrm{T}},\boldsymbol{\alpha}_4=(1,3,-3)^{\mathrm{T}}$ 的线性相关性.

解　将向量组排列矩阵,并施行初等行变换

$$\boldsymbol{A}=\begin{pmatrix}1&0&-1&1\\-1&1&2&3\\1&2&3&-3\end{pmatrix}\xrightarrow[r_2+r_1]{r_3-r_1}\begin{pmatrix}1&0&-1&1\\0&1&1&4\\0&2&4&-4\end{pmatrix}\xrightarrow{r_3-2r_2}\begin{pmatrix}1&0&-1&1\\0&1&1&4\\0&0&2&-12\end{pmatrix},$$

所以 $r(\boldsymbol{A})=3<4$,向量组 $\boldsymbol{\alpha}_1,\boldsymbol{\alpha}_2,\boldsymbol{\alpha}_3$ 线性相关.

推论 1　n 个 n 维向量

$$\boldsymbol{\alpha}_1=(a_{11},a_{21},\cdots,a_{n1})^{\mathrm{T}},\quad \boldsymbol{\alpha}_2=(a_{21},a_{22},\cdots,a_{n2})^{\mathrm{T}},\quad \cdots,\quad \boldsymbol{\alpha}_n=(a_{1n},a_{2n},\cdots,a_{nn})^{\mathrm{T}}$$

线性相关的充分必要条件是

$$\begin{vmatrix}a_{11}&a_{12}&\cdots&a_{1n}\\a_{21}&a_{22}&\cdots&a_{2n}\\\vdots&\vdots&&\vdots\\a_{n1}&a_{n2}&\cdots&a_{nn}\end{vmatrix}=0.$$

或者说,n 个 n 维向量

$$\boldsymbol{\alpha}_1=(a_{11},a_{21},\cdots,a_{n1})^{\mathrm{T}},\quad \boldsymbol{\alpha}_2=(a_{12},a_{22},\cdots,a_{n2})^{\mathrm{T}},\quad \cdots,\quad \boldsymbol{\alpha}_n=(a_{1n},a_{2n},\cdots,a_{nn})^{\mathrm{T}}$$

线性无关的充分必要条件是

$$\begin{vmatrix}a_{11}&a_{12}&\cdots&a_{1n}\\a_{21}&a_{22}&\cdots&a_{2n}\\\vdots&\vdots&&\vdots\\a_{n1}&a_{n2}&\cdots&a_{nn}\end{vmatrix}\neq0.$$

例 1 中,只需计算行列式

$$\begin{vmatrix}1&0&2\\0&1&1\\1&2&-1\end{vmatrix}=-5\neq0,$$

即可判定向量组 $\boldsymbol{\alpha}_1,\boldsymbol{\alpha}_2,\boldsymbol{\alpha}_3$ 线性无关.

通过例 6,我们发现:

推论 2 当向量组中所含向量的个数大于向量的维数时,此向量组一定线性相关.

定理 3.2 向量组 $\boldsymbol{\alpha}_1,\boldsymbol{\alpha}_2,\cdots,\boldsymbol{\alpha}_m(m\geqslant 2)$线性相关的充分必要条件是其中一个向量可由其余向量线性表示.

证明 必要性.设 $\boldsymbol{\alpha}_1,\boldsymbol{\alpha}_2,\cdots,\boldsymbol{\alpha}_m$ 线性相关,即有一组不全为零的数 $k_1,k_2,\cdots,k_m$,使

$$k_1\boldsymbol{\alpha}_1+k_2\boldsymbol{\alpha}_2+\cdots+k_m\boldsymbol{\alpha}_m=\mathbf{0}.$$

不妨设 $k_1\neq 0$,则

$$\boldsymbol{\alpha}_1=-\frac{k_2}{k_1}\boldsymbol{\alpha}_2-\cdots-\frac{k_m}{k_1}\boldsymbol{\alpha}_m,$$

所以其中一个向量可由其余向量线性表示.

充分性.若有一个向量可由其与向量线性表示,不妨设 $\boldsymbol{\alpha}_1$ 可由 $\boldsymbol{\alpha}_2,\cdots,\boldsymbol{\alpha}_m$ 线性表示,即

$$\boldsymbol{\alpha}_1=l_2\boldsymbol{\alpha}_2+\cdots+l_m\boldsymbol{\alpha}_m,$$

于是

$$1\cdot\boldsymbol{\alpha}_1-l_2\boldsymbol{\alpha}_2-\cdots-l_m\boldsymbol{\alpha}_m=\mathbf{0}.$$

因为 $1,-l_2,-l_m$ 至少有一个数不为零,所以 $\boldsymbol{\alpha}_1,\boldsymbol{\alpha}_2,\cdots,\boldsymbol{\alpha}_m$ 线性相关.

定理 3.3 如果一个向量组的一部分向量线性相关,则这个向量组线性相关.

此定理也可以如下叙述:如果一个向量组线性无关,则这个向量组的任何一部分向量也线性无关.

定理 3.4 如果向量组 $\boldsymbol{\alpha}_1,\boldsymbol{\alpha}_2,\cdots,\boldsymbol{\alpha}_m$ 线性无关,而向量组 $\boldsymbol{\beta},\boldsymbol{\alpha}_1,\boldsymbol{\alpha}_2,\cdots,\boldsymbol{\alpha}_m$ 线性相关,则向量 $\boldsymbol{\beta}$ 可由向量组 $\boldsymbol{\alpha}_1,\boldsymbol{\alpha}_2,\cdots,\boldsymbol{\alpha}_m$ 唯一地线性表示.

定理 3.5 如果 m 维向量组

$$\boldsymbol{\alpha}_1=(a_{11},a_{21},\cdots,a_{m1})^{\mathrm{T}},\quad \boldsymbol{\alpha}_2=(a_{12},a_{22},\cdots,a_{m2})^{\mathrm{T}},\quad \cdots,\quad \boldsymbol{\alpha}_n=(a_{1n},a_{2n},\cdots,a_{mn})^{\mathrm{T}}$$

线性无关,则在每一个向量上添加一个分量所得到的 $m+1$ 维向量组

$$\boldsymbol{\beta}_1=(a_{11},a_{21},\cdots,a_{(m+1)1})^{\mathrm{T}},\quad \boldsymbol{\beta}_2=(a_{12},a_{22},\cdots,a_{(m+1)2})^{\mathrm{T}},\quad \cdots,\quad \boldsymbol{\beta}_n=(a_{1n},a_{2n},\cdots,a_{(m+1)n})^{\mathrm{T}}$$

也线性无关.

例 7 向量 $\boldsymbol{\beta}=(4,-3,1)^{\mathrm{T}}$ 能否用 $\boldsymbol{\alpha}_1=(1,3,4)^{\mathrm{T}},\boldsymbol{\alpha}_2=(2,1,-7)^{\mathrm{T}},\boldsymbol{\alpha}_3=(3,-1,2)^{\mathrm{T}}$ 线性表示?若能,写出表示式.表示式是否唯一?

解 向量组 $\boldsymbol{\beta},\boldsymbol{\alpha}_1,\boldsymbol{\alpha}_2,\boldsymbol{\alpha}_3$ 都是三维向量,由推论 2 知 $\boldsymbol{\beta},\boldsymbol{\alpha}_1,\boldsymbol{\alpha}_2,\boldsymbol{\alpha}_3$ 一定线性相关.

又 $\boldsymbol{\alpha}_1,\boldsymbol{\alpha}_2,\boldsymbol{\alpha}_3$ 对应的行列式

$$\begin{vmatrix}1&2&3\\3&1&-1\\4&-7&2\end{vmatrix}\neq 0.$$

由推论1知，$\boldsymbol{\alpha}_1,\boldsymbol{\alpha}_2,\boldsymbol{\alpha}_3$ 线性无关，又由定理3.4，向量 $\boldsymbol{\beta}$ 可由向量组 $\boldsymbol{\alpha}_1,\boldsymbol{\alpha}_2,\boldsymbol{\alpha}_3$ 线性表示，且表示式唯一.

设存在三个数 k_1,k_2,k_3，使得

$$\boldsymbol{\beta}=k_1\boldsymbol{\alpha}_1+k_2\boldsymbol{\alpha}_2+k_3\boldsymbol{\alpha}_3,$$

根据向量的运算及向量相等的定义，有

$$\begin{cases}k_1+2k_2+3k_3=4\\3k_1+k_2-k_3=-3.\\4k_1-7k_2+2k_3=1\end{cases}$$

这个方程组可以看作 k_1,k_2,k_3 为未知数的线性方程组，解此方程组得

$$\begin{cases}k_1=-\dfrac{1}{2}\\k_2=0\\k_3=\dfrac{3}{2}\end{cases},$$

所以

$$\boldsymbol{\beta}=-\frac{1}{2}\boldsymbol{\alpha}_1+0\boldsymbol{\alpha}_2+\frac{3}{2}\boldsymbol{\alpha}_3.$$

思考题：

1. 对于向量 $\boldsymbol{\alpha}_1,\boldsymbol{\alpha}_2,\boldsymbol{\alpha}_3$ 有 $2\boldsymbol{\alpha}_1+\boldsymbol{\alpha}_2=\boldsymbol{\alpha}_3$，也就是说 $\boldsymbol{\alpha}_3$ 能由 $\boldsymbol{\alpha}_1,\boldsymbol{\alpha}_2$ 线性表示，那么 $\boldsymbol{\alpha}_1$ 能由 $\boldsymbol{\alpha}_2,\boldsymbol{\alpha}_3$ 线性表示吗？

2. 怎样判断向量组 $\boldsymbol{\alpha}_1,\boldsymbol{\alpha}_2,\cdots,\boldsymbol{\alpha}_m$ 的线性相关性？

3.3　向量组的秩

3.3.1　向量组的等价关系

定义3.7　如果向量组 $A:\boldsymbol{\alpha}_1,\boldsymbol{\alpha}_2,\cdots,\boldsymbol{\alpha}_s$ 中每一个向量 $\boldsymbol{\alpha}_i\ (i=1,2,\cdots,s)$ 都可以由向量组 $B:\boldsymbol{\beta}_1,\boldsymbol{\beta}_2,\cdots,\boldsymbol{\beta}_t$ 线性表示，则称向量组 A 可由向量组 B 线性表示；如果两个向量可以互相线性表示，则称两向量组等价.

例如，设有向量组 $A:\boldsymbol{\alpha}_1=(1,0,2)^{\mathrm{T}},\boldsymbol{\alpha}_2=(1,2,0)^{\mathrm{T}}$ 和向量组 $B:\boldsymbol{\beta}_1=(1,1,1)^{\mathrm{T}},\boldsymbol{\beta}_2=(0,-1,1)^{\mathrm{T}}$.

因为

$$\boldsymbol{\alpha}_1=\boldsymbol{\beta}_1+\boldsymbol{\beta}_2,\quad \boldsymbol{\alpha}_2=\boldsymbol{\beta}_1-\boldsymbol{\beta}_2,$$

所以向量组 A 能由向量组 B 线性表示.

又因为

$$\boldsymbol{\beta}_1=\frac{1}{2}(\boldsymbol{\alpha}_1+\boldsymbol{\alpha}_2)^{\mathrm{T}},\quad \boldsymbol{\beta}_2=\frac{1}{2}(\boldsymbol{\alpha}_1-\boldsymbol{\alpha}_2)^{\mathrm{T}}.$$

所以向量组 A 能由向量组 B 线性表示，故向量组 A 与向量组 B 等价.

定理 3.6 设向量组 B:$\boldsymbol{\beta}_1,\boldsymbol{\beta}_2,\cdots,\boldsymbol{\beta}_r$ 线性无关，而且它可由向量组 A:$\boldsymbol{\alpha}_1,\boldsymbol{\alpha}_2,\cdots,\boldsymbol{\alpha}_s$ 线性表示，则向量组 B 中向量的个数 r 必不大于向量组 A 中向量的个数 s，即 $r\leqslant s$.

由此可以得出：

推论 两个等价的线性无关的向量组所含向量的个数相等.

3.3.2 极大线性无关组(极大无关组)

考察向量组 A：

$\boldsymbol{\alpha}_1=(1,-1,2)^{\mathrm{T}}$， $\boldsymbol{\alpha}_2=(2,1,-1)^{\mathrm{T}}$， $\boldsymbol{\alpha}_3=(4,-1,3)^{\mathrm{T}}$， $\boldsymbol{\alpha}_4=(5,1,0)^{\mathrm{T}}$，

可以发现，$\boldsymbol{\alpha}_1,\boldsymbol{\alpha}_2$ 对应坐标不成比例，$\boldsymbol{\alpha}_1$ 与 $\boldsymbol{\alpha}_2$ 线性无关，而再添加一个向量则线性相关.

因为

$$\boldsymbol{\alpha}_3=2\boldsymbol{\alpha}_1+\boldsymbol{\alpha}_2,\quad \boldsymbol{\alpha}_4=\boldsymbol{\alpha}_1+2\boldsymbol{\alpha}_2,$$

也就是说，向量组 A:可由它的部分向量 $\boldsymbol{\alpha}_1$ 与 $\boldsymbol{\alpha}_2$ 线性表示.

下面，我们引入这样的概念.

定义 3.8 设有 n 维向量组 M，如果 M 中有 r 个向量 $\boldsymbol{\alpha}_1,\boldsymbol{\alpha}_2,\cdots,\boldsymbol{\alpha}_r$，满足：

(1)$\boldsymbol{\alpha}_1,\boldsymbol{\alpha}_2,\cdots,\boldsymbol{\alpha}_r$ 线性无关；

(2)任意的向量 $\boldsymbol{\alpha}\in M$，$\boldsymbol{\alpha}$ 可用 $\boldsymbol{\alpha}_1,\boldsymbol{\alpha}_2,\cdots,\boldsymbol{\alpha}_r$ 线性表示.

则称 $\boldsymbol{\alpha}_1,\boldsymbol{\alpha}_2,\cdots,\boldsymbol{\alpha}_r$ 是向量组 M 的一个极大线性无关组，简称极大无关组.

由定义可知，本节的引例中，$\boldsymbol{\alpha}_1,\boldsymbol{\alpha}_2$ 是向量组 $\boldsymbol{\alpha}_1,\boldsymbol{\alpha}_2,\boldsymbol{\alpha}_3,\boldsymbol{\alpha}_4$ 的极大无关组. 同样可以验证，$\boldsymbol{\alpha}_1,\boldsymbol{\alpha}_3$；$\boldsymbol{\alpha}_2,\boldsymbol{\alpha}_4$；$\boldsymbol{\alpha}_1,\boldsymbol{\alpha}_4$；$\boldsymbol{\alpha}_2,\boldsymbol{\alpha}_3$；$\boldsymbol{\alpha}_3,\boldsymbol{\alpha}_4$ 都是向量组 $\boldsymbol{\alpha}_1,\boldsymbol{\alpha}_2,\boldsymbol{\alpha}_3,\boldsymbol{\alpha}_4$ 的极大无关组.

容易看出，引例中向量组 $\boldsymbol{\alpha}_1,\boldsymbol{\alpha}_2,\boldsymbol{\alpha}_3,\boldsymbol{\alpha}_4$ 的极大无关组不唯一.

例 1 求全体 n 维向量构成的向量组的极大无关组.

解 因为 n 维单位向量组 $\boldsymbol{\varepsilon}_1=(1,0,\cdots,0)^{\mathrm{T}}$，$\boldsymbol{\varepsilon}_2=(0,1,\cdots,0)^{\mathrm{T}}$，$\cdots$，$\boldsymbol{\varepsilon}_n=(0,0,\cdots,1)^{\mathrm{T}}$ 组成的向量组线性无关，又对于任一 n 维向量 $\boldsymbol{\alpha}=(a_1,a_2,\cdots,a_n)^{\mathrm{T}}$ 都有 $\boldsymbol{\alpha}=a_1\boldsymbol{\varepsilon}_1+a_2\boldsymbol{\varepsilon}_2+\cdots+a_n\boldsymbol{\varepsilon}_n$，所以单位向量组 $\boldsymbol{\varepsilon}_1,\boldsymbol{\varepsilon}_2,\cdots,\boldsymbol{\varepsilon}_n$ 是全体 n 维向量构成的向量组的一个极大无关组.

例 2 设向量组 A：

$\boldsymbol{\alpha}_1=(1,1,0)^{\mathrm{T}}$， $\boldsymbol{\alpha}_2=(-1,1,1)^{\mathrm{T}}$， $\boldsymbol{\alpha}_3=(-2,2,2)^{\mathrm{T}}$， $\boldsymbol{\alpha}_4=(0,2,1)^{\mathrm{T}}$，

求向量组 A 的所有极大无关组.

解 根据向量组的极大无关组的定义，可得向量组 A 的所有极大无关组如下：

(1)$\boldsymbol{\alpha}_1,\boldsymbol{\alpha}_2$； (2)$\boldsymbol{\alpha}_1,\boldsymbol{\alpha}_4$； (3)$\boldsymbol{\alpha}_1,\boldsymbol{\alpha}_3$； (4)$\boldsymbol{\alpha}_2,\boldsymbol{\alpha}_4$.

可以看到,尽管一个向量组的极大无关组不唯一,但它们所含向量的个数是相同的.这是为什么呢?下面给出这样的定理.

定理 3.7　一个向量组的所有极大无关组等价.

推论　一个向量组的所有极大无关组所含向量的个数相等.

针对这一特点,引入向量组的秩的概念.

3.3.3　向量组的秩

定义 3.9　一个向量组的极大无关组所含向量的个数称为向量组的秩.

因为全是零向量的向量组没有极大无关组,故规定其秩为 0.

如果一个向量组的秩为 r,则这个向量组中的任何 r 个线性无关的向量构成的部分向量组都是它的一个极大无关组;一个线性无关的向量组,它的极大无关组就是它本身.

下面讨论怎样求向量组的秩.

可以将向量按行排列成矩阵,通过求矩阵的秩判断向量组的线性相关性.事实上,求向量组的秩也可以借助于矩阵.

对于 $m\times n$ 矩阵

$$\boldsymbol{A}=\begin{pmatrix} a_{11} & a_{12} & \cdots & a_{1n} \\ a_{21} & a_{22} & \cdots & a_{2n} \\ \vdots & \vdots & & \vdots \\ a_{m1} & a_{m2} & \cdots & a_{mn} \end{pmatrix},$$

我们可以得到 m 个行向量

$$\boldsymbol{\alpha}_1=(a_{11},a_{12},\cdots,a_{1n}),\quad \boldsymbol{\alpha}_2=(a_{21},a_{22},\cdots,a_{2n}),\quad \cdots,\quad \boldsymbol{\alpha}_m=(a_{m1},a_{m2},\cdots,a_{mn}).$$

称其为矩阵 $\boldsymbol{A}$ 的行向量组.

同时也可得到 n 个列向量

$$\boldsymbol{\beta}_1=\begin{pmatrix} a_{11} \\ a_{21} \\ \vdots \\ a_{m1} \end{pmatrix},\quad \boldsymbol{\beta}_2=\begin{pmatrix} a_{12} \\ a_{22} \\ \vdots \\ a_{m2} \end{pmatrix},\quad \cdots,\quad \boldsymbol{\beta}_n=\begin{pmatrix} a_{1n} \\ a_{2n} \\ \vdots \\ a_{mn} \end{pmatrix}.$$

称其为矩阵 $\boldsymbol{A}$ 的列向量组.

定义 3.10　矩阵 $\boldsymbol{A}$ 的行向量组的秩称为矩阵 $\boldsymbol{A}$ 的行秩,列向量组的秩称为矩阵 $\boldsymbol{A}$ 的列秩.

定理 3.8　$m\times n$ 矩阵

$$\boldsymbol{A}=\begin{pmatrix} a_{11} & a_{12} & \cdots & a_{1n} \\ a_{21} & a_{22} & \cdots & a_{2n} \\ \vdots & \vdots & & \vdots \\ a_{m1} & a_{m2} & \cdots & a_{mn} \end{pmatrix}$$

的秩 $r(\boldsymbol{A})=r$ 的充分必要条件是列向量组

$$\boldsymbol{\alpha}_1=\begin{pmatrix}a_{11}\\a_{21}\\\vdots\\a_{m1}\end{pmatrix},\quad \boldsymbol{\alpha}_2=\begin{pmatrix}a_{12}\\a_{22}\\\vdots\\a_{m2}\end{pmatrix},\quad \cdots,\quad \boldsymbol{\alpha}_n=\begin{pmatrix}a_{1n}\\a_{2n}\\\vdots\\a_{mn}\end{pmatrix}$$

的秩为 r.

定理 3.9 矩阵的初等行变换不改变列向量组的线性相关性.

由此可得求向量组 $\boldsymbol{\alpha}_1,\boldsymbol{\alpha}_2,\cdots,\boldsymbol{\alpha}_m$ 的秩与极大无关组的具体方法如下：

(1)将这些向量作为矩阵的列构成一个矩阵 $\boldsymbol{A}$,记作

$$\boldsymbol{A}=(\boldsymbol{\alpha}_1\quad\boldsymbol{\alpha}_2\quad\cdots\quad\boldsymbol{\alpha}_m),$$

根据向量组的构成,可调整向量组 $\boldsymbol{\alpha}_1,\boldsymbol{\alpha}_2,\cdots,\boldsymbol{\alpha}_m$ 中向量的次序

(2)利用矩阵的初等行变换将矩阵 $\boldsymbol{A}$ 化为行阶梯形矩阵 $\boldsymbol{B}$,则行阶梯形矩阵 $\boldsymbol{B}$ 中非零行的行数即为向量组 $\boldsymbol{\alpha}_1,\boldsymbol{\alpha}_2,\cdots,\boldsymbol{\alpha}_m$ 的秩；

(3)各非零行中的首非零元所在列对应的原来的向量构成的向量组即为极大无关组.

例 3 求向量组

$\boldsymbol{\alpha}_1=(1,-1,-1,3)^{\mathrm{T}}$, $\boldsymbol{\alpha}_2=(3,-1,1,7)^{\mathrm{T}}$, $\boldsymbol{\alpha}_3=(1,1,3,1)^{\mathrm{T}}$, $\boldsymbol{\alpha}_4=(-1,2,6,-4)^{\mathrm{T}}$

的秩和一个极大无关组.

解 将 $\boldsymbol{\alpha}_1,\boldsymbol{\alpha}_2,\boldsymbol{\alpha}_3,\boldsymbol{\alpha}_4$ 写成

$$\boldsymbol{A}=(\boldsymbol{\alpha}_1\quad\boldsymbol{\alpha}_2\quad\boldsymbol{\alpha}_3\quad\boldsymbol{\alpha}_4)=\begin{pmatrix}1&3&1&-1\\-1&-1&1&2\\-1&1&3&6\\3&7&1&-4\end{pmatrix}$$

$$\xrightarrow[r_4-3r_1]{\substack{r_2+r_1\\r_3+r_1}}\begin{pmatrix}1&3&1&-1\\0&2&2&1\\0&4&4&5\\0&-2&-2&-1\end{pmatrix}$$

$$\xrightarrow[r_4+r_2]{r_3-2r_2}\begin{pmatrix}1&3&1&-1\\0&2&2&1\\0&0&0&3\\0&0&0&0\end{pmatrix},$$

所以,向量组 $\boldsymbol{\alpha}_1,\boldsymbol{\alpha}_2,\boldsymbol{\alpha}_3,\boldsymbol{\alpha}_4$ 的秩为 3,且部分向量组 $\boldsymbol{\alpha}_1,\boldsymbol{\alpha}_2,\boldsymbol{\alpha}_4$ 是它的一个极大无关组.

例 4　求向量组

$$\boldsymbol{\alpha}_1=(1,1,0)^{\mathrm{T}},\quad \boldsymbol{\alpha}_2=(2,4,2)^{\mathrm{T}},\quad \boldsymbol{\alpha}_3=(3,2,1)^{\mathrm{T}},\quad \boldsymbol{\alpha}_4=(1,-2,4)^{\mathrm{T}}$$

的秩和一个极大无关组.

解　将 $\boldsymbol{\alpha}_1,\boldsymbol{\alpha}_2,\boldsymbol{\alpha}_3,\boldsymbol{\alpha}_4$ 写成

$$\boldsymbol{A}=(\boldsymbol{\alpha}_1\quad \boldsymbol{\alpha}_2\quad \boldsymbol{\alpha}_3\quad \boldsymbol{\alpha}_4)=\begin{pmatrix}1&2&3&1\\1&4&2&-2\\0&2&1&4\end{pmatrix}$$

$$\xrightarrow{r_2-r_1}\begin{pmatrix}1&2&3&1\\0&2&-1&-3\\0&2&1&4\end{pmatrix}$$

$$\xrightarrow{r_3-r_2}\begin{pmatrix}1&2&3&1\\0&2&-1&-3\\0&0&2&7\end{pmatrix},$$

所以,向量组 $\boldsymbol{\alpha}_1,\boldsymbol{\alpha}_2,\boldsymbol{\alpha}_3,\boldsymbol{\alpha}_4$ 的秩为 3,且部分向量组 $\boldsymbol{\alpha}_1,\boldsymbol{\alpha}_2,\boldsymbol{\alpha}_3$ 是它的一个极大无关组.

定理 3.10　矩阵 $\boldsymbol{A}$ 的行秩等于列秩且等于矩阵 $\boldsymbol{A}$ 的秩.

因此,也可也将向量按行排列成一矩阵,从而求出向量组的秩和极大无关组.

思考题:如何找向量组的极大无关组?

习　题　3

1. 设 $\boldsymbol{\alpha}=(1,-1,2,-1)^{\mathrm{T}},\boldsymbol{\beta}=(2,0,1,3)^{\mathrm{T}}$,求:$\boldsymbol{\alpha}+\boldsymbol{\beta},\boldsymbol{\alpha}-\boldsymbol{\beta},2\boldsymbol{\alpha}-\boldsymbol{\beta}$.

2. 已知向量 $\boldsymbol{\alpha}_1=(1,2,3)^{\mathrm{T}},\boldsymbol{\alpha}_2=(2,3,4)^{\mathrm{T}},\boldsymbol{\alpha}_3=(1,0,2)^{\mathrm{T}},\boldsymbol{\alpha}_4=(-1,2,4)^{\mathrm{T}}$,求 $3\boldsymbol{\alpha}_1+2\boldsymbol{\alpha}_2-\boldsymbol{\alpha}_3+\boldsymbol{\alpha}_4$.

3. 已知向量 $\boldsymbol{\alpha}=(2,3,1,4)^{\mathrm{T}},\boldsymbol{\beta}=(5,6,3,1)^{\mathrm{T}}$,且 $\boldsymbol{\alpha}+\boldsymbol{\gamma}=2\boldsymbol{\beta}$,求 $\boldsymbol{\gamma}$.

4. 设 $2(\boldsymbol{\alpha}_1+\boldsymbol{\alpha})-3(\boldsymbol{\alpha}_2-\boldsymbol{\alpha})=3(\boldsymbol{\alpha}_3+\boldsymbol{\alpha})$,其中 $\boldsymbol{\alpha}_1=(0,-1,3)^{\mathrm{T}},\boldsymbol{\alpha}_2=(4,3,-1)^{\mathrm{T}},\boldsymbol{\alpha}_3=(0,-1,1)^{\mathrm{T}}$,求 $\boldsymbol{\alpha}$.

5. 将线性方程组 $\begin{cases}x_1-x_2-x_3+2x_4=3\\2x_1+x_2-2x_3-x_4=2\\x_1+x_2+x_3=2\end{cases}$ 写成向量的形式.

6. 判断下列向量 $\boldsymbol{\beta}$ 能否由其余向量线性表示.若能,写出一个具体表示式.

(1) $\boldsymbol{\beta}=(6,-3,11)^{\mathrm{T}},\boldsymbol{\alpha}_1=(1,2,1)^{\mathrm{T}},\boldsymbol{\alpha}_2=(-1,1,2)^{\mathrm{T}},\boldsymbol{\alpha}_3=(1,-1,2)^{\mathrm{T}}$;

(2) $\boldsymbol{\beta}=(5,-2,7)^{\mathrm{T}},\boldsymbol{\alpha}_1=(2,1,1)^{\mathrm{T}},\boldsymbol{\alpha}_2=(1,-1,2)^{\mathrm{T}},\boldsymbol{\alpha}_3=(2,-2,4)^{\mathrm{T}}$;

(3)$\boldsymbol{\beta}=(2,4,4)^{\mathrm{T}}, \boldsymbol{\alpha}_1=(1,2,4)^{\mathrm{T}}, \boldsymbol{\alpha}_2=(1,-1,2)^{\mathrm{T}}, \boldsymbol{\alpha}_3=(1,1,2)^{\mathrm{T}}$;

(4)$\boldsymbol{\beta}=(6,1,-2)^{\mathrm{T}}, \boldsymbol{\alpha}_1=(1,1,-1)^{\mathrm{T}}, \boldsymbol{\alpha}_2=(2,-1,1)^{\mathrm{T}}, \boldsymbol{\alpha}_3=(2,0,0)^{\mathrm{T}}$

7. 判定下列向量组的线性相关性.

(1)$\boldsymbol{\alpha}_1=(1,2,3)^{\mathrm{T}}, \boldsymbol{\alpha}_2=(1,0,2)^{\mathrm{T}}, \boldsymbol{\alpha}_3=(2,1,-3)^{\mathrm{T}}$;

(2)$\boldsymbol{\alpha}_1=(1,0,0)^{\mathrm{T}}, \boldsymbol{\alpha}_2=(0,2,0)^{\mathrm{T}}, \boldsymbol{\alpha}_3=(0,0,3)^{\mathrm{T}}$;

(3)$\boldsymbol{\alpha}_1=(2,-1,1,2)^{\mathrm{T}}, \boldsymbol{\alpha}_2=(1,-1,-2,-1)^{\mathrm{T}}, \boldsymbol{\alpha}_3=(3,-2,-1,1)^{\mathrm{T}}, \boldsymbol{\alpha}_4=(2,1,3,2)^{\mathrm{T}}$;

(4)$\boldsymbol{\alpha}_1=(1,-1,2)^{\mathrm{T}}, \boldsymbol{\alpha}_2=(2,1,4)^{\mathrm{T}}, \boldsymbol{\alpha}_3=(3,1,2)^{\mathrm{T}}; \boldsymbol{\alpha}_4=(1,3,-1)^{\mathrm{T}}$.

8. 证明:如果向量组 $\boldsymbol{\alpha}_1, \boldsymbol{\alpha}_2, \boldsymbol{\alpha}_3$ 线性无关,则向量组 $\boldsymbol{\beta}_1=\boldsymbol{\alpha}_1+2\boldsymbol{\alpha}_2, \boldsymbol{\beta}_2=2\boldsymbol{\alpha}_2+3\boldsymbol{\alpha}_3, \boldsymbol{\beta}_3=\boldsymbol{\alpha}_1+3\boldsymbol{\alpha}_3$ 也线性无关.

9. 证明:$\boldsymbol{\beta}$ 与 $\boldsymbol{\alpha}_1, \boldsymbol{\alpha}_2, \boldsymbol{\alpha}_3$ 线性相关,且 $\boldsymbol{\beta}$ 可由 $\boldsymbol{\alpha}_1, \boldsymbol{\alpha}_2, \boldsymbol{\alpha}_3$ 唯一地线性表示. 其中 $\boldsymbol{\alpha}_1=(1,1,2)^{\mathrm{T}}, \boldsymbol{\alpha}_2=(0,2,4)^{\mathrm{T}}, \boldsymbol{\alpha}_3=(0,0,3)^{\mathrm{T}}, \boldsymbol{\beta}=(2,3,4)^{\mathrm{T}}$.

10. 证明:如果一个向量组的一部分向量线性相关,则这个向量组线性相关.

11. 求下列向量组的秩和一个极大无关组.

(1)$\boldsymbol{\alpha}_1=(2,1,1)^{\mathrm{T}}, \boldsymbol{\alpha}_2=(4,1,3)^{\mathrm{T}}, \boldsymbol{\alpha}_3=(-2,1,4)^{\mathrm{T}}$;

(2)$\boldsymbol{\alpha}_1=(1,2,3,4)^{\mathrm{T}}, \boldsymbol{\alpha}_2=(-1,3,2,1)^{\mathrm{T}}, \boldsymbol{\alpha}_3=(-2,1,4,2)^{\mathrm{T}}, \boldsymbol{\alpha}_4=(2,-1,0,2)^{\mathrm{T}}$;

(3)$\boldsymbol{\alpha}_1=(2,3,4,5), \boldsymbol{\alpha}_2=(1,4,0,2), \boldsymbol{\alpha}_3=(0,1,1,1), \boldsymbol{\alpha}_4=(1,-1,1,0)$.

12. 求向量组的一个极大无关组,并且用此极大无关组表示其他向量.

(1)$\boldsymbol{\alpha}_1=(2,3,1)^{\mathrm{T}}, \boldsymbol{\alpha}_2=(-2,3,-1)^{\mathrm{T}}, \boldsymbol{\alpha}_3=(2,5,8)^{\mathrm{T}}, \boldsymbol{\alpha}_4=(4,11,8)^{\mathrm{T}}$;

(2)$\boldsymbol{\alpha}_1=(-1,2,3,1)^{\mathrm{T}}, \boldsymbol{\alpha}_2=(3,2,7,5)^{\mathrm{T}}, \boldsymbol{\alpha}_3=(0,4,8,4)^{\mathrm{T}}, \boldsymbol{\alpha}_4=(11,0,11,11)^{\mathrm{T}}$.

13. 设向量组

$$\boldsymbol{\alpha}_1=(1,1,2)^{\mathrm{T}}, \quad \boldsymbol{\alpha}_2=(1,2,3)^{\mathrm{T}}, \quad \boldsymbol{\alpha}_3=(1,3,t)^{\mathrm{T}},$$

问:当 t 为何值时,向量组的秩是 2?

本章小结

1. n 维向量的概念:n 维向量是二维向量和三维向量的推广,它与由 n 个数排列而成的有序数组 $(a_1, a_2, \cdots, a_n)$ 一一对应. 但它和二维向量和三维向量不同,不具有直观的几何意义.

2. 向量组的线性组合:向量 $\boldsymbol{\beta}$ 是向量组 $\boldsymbol{\alpha}_1, \boldsymbol{\alpha}_2, \cdots, \boldsymbol{\alpha}_s$ 的线性组合是指存在一组数 $k_1, k_2, \cdots, k_s$,使关系式

$$\boldsymbol{\beta}=k_1\boldsymbol{\alpha}_1+k_2\boldsymbol{\alpha}_2+\cdots+k_s\boldsymbol{\alpha}_s$$

成立. 这里强调的是能够找到一组数 $k_1, k_2, \cdots, k_s$ 使上式成立.

判断向量$\boldsymbol{\beta}$能否由向量组$\boldsymbol{\alpha}_1,\boldsymbol{\alpha}_2,\cdots,\boldsymbol{\alpha}_s$线性表示的关键是利用向量的线性运算和向量相等的定义，找到与式子$\boldsymbol{\beta}=k_1\boldsymbol{\alpha}_1+k_2\boldsymbol{\alpha}_2+\cdots+k_s\boldsymbol{\alpha}_s$相对应的线性方程组，这个可以将$k_1,k_2,\cdots,k_s$作为未知数的线性方程组：(1)若有唯一解，则$\boldsymbol{\beta}$能由向量组$\boldsymbol{\alpha}_1,\boldsymbol{\alpha}_2,\cdots,\boldsymbol{\alpha}_s$唯一线性表示；(2)若有无穷多解，则$\boldsymbol{\beta}$能由向量组$\boldsymbol{\alpha}_1,\boldsymbol{\alpha}_2,\cdots,\boldsymbol{\alpha}_s$线性表示，且表示不唯一；(3)若无解，则$\boldsymbol{\beta}$不能由向量组$\boldsymbol{\alpha}_1,\boldsymbol{\alpha}_2,\cdots,\boldsymbol{\alpha}_s$线性表示.

3. 向量组的线性相关性：向量组$\boldsymbol{\alpha}_1,\boldsymbol{\alpha}_2,\cdots,\boldsymbol{\alpha}_s$线性相关是指存在不全为零的数$k_1,k_2,\cdots,k_s$，使

$$k_1\boldsymbol{\alpha}_1+k_2\boldsymbol{\alpha}_2+\cdots+k_s\boldsymbol{\alpha}_s=\mathbf{0},$$

成立，否则向量组$\boldsymbol{\alpha}_1,\boldsymbol{\alpha}_2,\cdots,\boldsymbol{\alpha}_m$线性无关.这里强调的是$k_1,k_2,\cdots,k_s$不全为零.

判断向量组$\boldsymbol{\alpha}_1,\boldsymbol{\alpha}_2,\cdots,\boldsymbol{\alpha}_s$线性相关的方法：

(1)利用定义判别法：利用向量的线性运算和向量相等的定义，找到与式子$k_1\boldsymbol{\alpha}_1+k_2\boldsymbol{\alpha}_2+\cdots+k_s\boldsymbol{\alpha}_s=\mathbf{0}$相对应的齐次线性方程组，这个可以将$k_1,k_2,\cdots,k_s$作为未知数的线性方程组若有非零解，则向量组$\boldsymbol{\alpha}_1,\boldsymbol{\alpha}_2,\cdots,\boldsymbol{\alpha}_s$线性相关；若只有零解，则向量组$\boldsymbol{\alpha}_1,\boldsymbol{\alpha}_2,\cdots,\boldsymbol{\alpha}_s$线性无关.

(2)利用矩阵判别法：将n维向量组$\boldsymbol{\alpha}_1,\boldsymbol{\alpha}_2,\cdots,\boldsymbol{\alpha}_m(m>1)$，按行排列成一$m\times n$矩阵$\mathbf{A}$，如果矩阵$\mathbf{A}$的秩为$r$，那么当$r<m$时，向量组$\boldsymbol{\alpha}_1,\boldsymbol{\alpha}_2,\cdots,\boldsymbol{\alpha}_m$线性相关；当$r=m$时，向量组$\boldsymbol{\alpha}_1,\boldsymbol{\alpha}_2,\cdots,\boldsymbol{\alpha}_m$线性无关.

(3)根据向量组中向量的个数判别法：对于n维向量组$\boldsymbol{\alpha}_1,\boldsymbol{\alpha}_2,\cdots,\boldsymbol{\alpha}_s$，当$s>n$时，向量组必线性相关；当$s=n$，可直接计算这$n$个向量构成方阵的行列式；当$s<n$时，可利用上述定义判别法.

(4)向量组$\boldsymbol{\alpha}_1,\boldsymbol{\alpha}_2,\cdots,\boldsymbol{\alpha}_m(m\geqslant 2)$线性相关的充分必要条件是其中一个向量可由其余向量线性表示.

此为可利用其他相关定理判断向量组的线性相关性.

4. 求向量组$\boldsymbol{\alpha}_1,\boldsymbol{\alpha}_2,\cdots,\boldsymbol{\alpha}_m$的秩与极大无关组的具体方法如下：

(1)将这些向量作为矩阵的列构成一个矩阵$\mathbf{A}$，记作

$$\mathbf{A}=(\boldsymbol{\alpha}_1\quad\boldsymbol{\alpha}_2\quad\cdots\quad\boldsymbol{\alpha}_m),$$

根据向量组的构成，可调整向量组$\boldsymbol{\alpha}_1,\boldsymbol{\alpha}_2,\cdots,\boldsymbol{\alpha}_m$中向量的次序；

(2)利用矩阵的初等行变换将矩阵$\mathbf{A}$化为行阶梯形矩阵$\boldsymbol{B}$，则行阶梯形矩阵$\boldsymbol{B}$中非零行的行数即为向量组$\boldsymbol{\alpha}_1,\boldsymbol{\alpha}_2,\cdots,\boldsymbol{\alpha}_m$的秩；

(3)各非零行中的首非零元所在列对应的原来的向量构成的向量组即为极大无关组.

测试题 3

一、填空题

1. 已知向量 $\boldsymbol{\alpha}=(2,1,1)^{\mathrm{T}}$，$\boldsymbol{\beta}=(3,1,-1)^{\mathrm{T}}$，则 $\boldsymbol{\alpha}+2\boldsymbol{\beta}=$ ________，$2\boldsymbol{\alpha}-\boldsymbol{\beta}=$ ________.

2. 已知向量 $\boldsymbol{\alpha}=(2,4,6,8)^{\mathrm{T}}$，$\boldsymbol{\beta}=(a,2,b,8)^{\mathrm{T}}$，若 $\boldsymbol{\alpha}=\boldsymbol{\beta}$，则 $a=$ ________，$b=$ ________.

3. 若向量 $\boldsymbol{\alpha}=(1,2)^{\mathrm{T}}$，$\boldsymbol{\beta}=(2,4)^{\mathrm{T}}$，则向量 $\boldsymbol{\alpha}$ 与 $\boldsymbol{\beta}$ 是线性________的，且在二维空间中，向量 $\boldsymbol{\alpha}$ 与 $\boldsymbol{\beta}$ ________.

4. 单独零向量是线性__________的，单独非零向量是线性__________的.

5. 若向量 $\boldsymbol{\alpha}_1=(1,1,1)^{\mathrm{T}}$，$\boldsymbol{\alpha}_2=(a,0,b)^{\mathrm{T}}$，$\boldsymbol{\alpha}_3=(1,3,2)^{\mathrm{T}}$ 线性相关，则 a,b 满足________.

6. 将向量 $\boldsymbol{\alpha}=(1,3,5,7)^{\mathrm{T}}$ 用四维单位向量线性表示________.

7. 给定向量 $\boldsymbol{\alpha}_1=(1,1,1)^{\mathrm{T}}$，$\boldsymbol{\alpha}_2=(1,1,0)^{\mathrm{T}}$，$\boldsymbol{\alpha}_3=(1,0,0)^{\mathrm{T}}$，$\boldsymbol{\alpha}_4=(0,1,0)^{\mathrm{T}}$，则向量组 $\boldsymbol{\alpha}_1,\boldsymbol{\alpha}_2,\boldsymbol{\alpha}_3,\boldsymbol{\alpha}_4$ ________(线性相关或线性无关).

8. 设向量 $\boldsymbol{\alpha}_1=(1,2,-1)^{\mathrm{T}}$，$\boldsymbol{\alpha}_2=(3,2,-10)^{\mathrm{T}}$，$\boldsymbol{\alpha}_3=(-1,2,6)^{\mathrm{T}}$，对于数 k，使 $2\boldsymbol{\alpha}_1+k\boldsymbol{\alpha}_2-\boldsymbol{\alpha}_3=\mathbf{0}$，则 $k=$ ________.

二、选择题

1. 向量组 $\boldsymbol{\alpha}_1,\boldsymbol{\alpha}_2,\cdots,\boldsymbol{\alpha}_s(s\geqslant 2)$ 线性相关的充要条件是(　　).

A. $\boldsymbol{\alpha}_1,\boldsymbol{\alpha}_2,\cdots,\boldsymbol{\alpha}_s$ 都不是零向量

B. $\boldsymbol{\alpha}_1,\boldsymbol{\alpha}_2,\cdots,\boldsymbol{\alpha}_s$ 中至少有一个向量可由其余向量线性表示

C. $\boldsymbol{\alpha}_1,\boldsymbol{\alpha}_2,\cdots,\boldsymbol{\alpha}_s$ 任意两个向量成比例

D. $\boldsymbol{\alpha}_1,\boldsymbol{\alpha}_2,\cdots,\boldsymbol{\alpha}_s$ 任意一个部分组线性相关

2. 设 n 维向量组 $\boldsymbol{\alpha}_1,\boldsymbol{\alpha}_2,\cdots,\boldsymbol{\alpha}_m$ 的秩为 r，则(　　).

A. 该向量组中任意 r 个向量线性无关

B. 该向量组中任意 $r+1$ 个向量(若有)都线性相关

C. 该向量组中存在唯一的极大线性无关组

D. 该向量组当 $m>r$ 时，有若干个极大线性无关组

3. 设 $\boldsymbol{\alpha}_1,\boldsymbol{\alpha}_2,\cdots,\boldsymbol{\alpha}_s$ 均为 n 维向量，则下列结论正确的是(　　).

A. 若 $k_1\boldsymbol{\alpha}_1+k_2\boldsymbol{\alpha}_2+\cdots+k_s\boldsymbol{\alpha}_s=\mathbf{0}$，则向量组 $\boldsymbol{\alpha}_1,\boldsymbol{\alpha}_2,\cdots,\boldsymbol{\alpha}_s$ 线性相关

B. 若对任意一组不全为零的数 $k_1,k_2,\cdots,k_s$ 都有 $k_1\boldsymbol{\alpha}_1+k_2\boldsymbol{\alpha}_2+\cdots+k_s\boldsymbol{\alpha}_s\neq\mathbf{0}$，则向量组 $\boldsymbol{\alpha}_1,\boldsymbol{\alpha}_2,\cdots,\boldsymbol{\alpha}_s$ 线性无关

C. 若存在一组不全为零的数 $k_1,k_2,\cdots,k_s$，使 $k_1\boldsymbol{\alpha}_1+k_2\boldsymbol{\alpha}_2+\cdots+k_s\boldsymbol{\alpha}_s=\mathbf{0}$，则向量组 $\boldsymbol{\alpha}_1,\boldsymbol{\alpha}_2,\cdots,\boldsymbol{\alpha}_s$ 线性相关

D. 若向量组 $\boldsymbol{\alpha}_1,\boldsymbol{\alpha}_2,\cdots,\boldsymbol{\alpha}_s$ 线性相关，则对任意一组不全为零的数 $k_1,k_2,\cdots,k_s$，都有 $k_1\boldsymbol{\alpha}_1+k_2\boldsymbol{\alpha}_2+\cdots+k_s\boldsymbol{\alpha}_s=\mathbf{0}$

4. 已知向量组 $\boldsymbol{\alpha}_1=(1,0,0)^{\mathrm{T}},\boldsymbol{\alpha}_2=(0,2,0)^{\mathrm{T}},\boldsymbol{\alpha}_3=(0,0,3)^{\mathrm{T}}$，则下列说法不正确的是(　　).

A. 向量组 $\boldsymbol{\alpha}_1,\boldsymbol{\alpha}_2,\boldsymbol{\alpha}_3$ 线性无关

B. 以向量 $\boldsymbol{\alpha}_1,\boldsymbol{\alpha}_2,\boldsymbol{\alpha}_3$ 为行排列成的矩阵的秩是 3

C. 向量 $\boldsymbol{\alpha}_1,\boldsymbol{\alpha}_2$ 及向量 $\boldsymbol{\alpha}_2,\boldsymbol{\alpha}_3$ 也线性无关

D. 向量 $\boldsymbol{\alpha}_1,\boldsymbol{\alpha}_3$ 线性相关

5. 向量组 $\boldsymbol{\alpha}_1=(1,2,3)^{\mathrm{T}},\boldsymbol{\alpha}_2=(2,4,6)^{\mathrm{T}},\boldsymbol{\alpha}_3=(3,6,9)^{\mathrm{T}},\boldsymbol{\alpha}_4=(2,5,2)^{\mathrm{T}}$，则下列说法不正确的是(　　).

A. 该向量组是含有 4 个向量的三维向量组，所以必线性相关

B. 该向量组的秩是 2，所以必线性相关

C. 向量 $\boldsymbol{\alpha}_1,\boldsymbol{\alpha}_2,\boldsymbol{\alpha}_3$ 两两线性相关

D. 该向量组中任意两个向量都线性相关

6. 向量组 $\boldsymbol{\alpha}_1=(1,0,0)^{\mathrm{T}},\boldsymbol{\alpha}_2=(0,1,0)^{\mathrm{T}},\boldsymbol{\alpha}_3=(0,0,0)^{\mathrm{T}},\boldsymbol{\alpha}_4=(1,1,0)^{\mathrm{T}}$ 的极大无关组是(　　).

A. $\boldsymbol{\alpha}_1,\boldsymbol{\alpha}_2,\boldsymbol{\alpha}_3$　　B. $\boldsymbol{\alpha}_1,\boldsymbol{\alpha}_2,\boldsymbol{\alpha}_4$　　C. $\boldsymbol{\alpha}_1,\boldsymbol{\alpha}_2$　　D. $\boldsymbol{\alpha}_3,\boldsymbol{\alpha}_4$

7. 设矩阵 $\boldsymbol{A}$ 为 4×5 矩阵，且 $r(\boldsymbol{A})=3$，则下列说法不正确的是(　　).

A. $\boldsymbol{A}$ 的所有 3 阶子式都为零

B. $\boldsymbol{A}$ 的所有 4 阶子式都为零

C. $\boldsymbol{A}$ 的列向量组线性相关

D. $\boldsymbol{A}$ 的行向量组线性相关

三、计算题

1. 已知向量 $\boldsymbol{\alpha}_1=(3,1,2,5)^{\mathrm{T}},\boldsymbol{\alpha}_2=(2,5,1,4)^{\mathrm{T}},\boldsymbol{\alpha}_3=(1,3,-1,2)^{\mathrm{T}}$，求 $2\boldsymbol{\alpha}_1+\boldsymbol{\alpha}_2-\boldsymbol{\alpha}_3$.

2. 判断向量 $\boldsymbol{\beta}$ 是否为其他向量的线性组合. 若是线性组合，请表示出来.

(1)$\boldsymbol{\beta}=(2,5,1)^{\mathrm{T}},\boldsymbol{\varepsilon}_1=(1,0,0)^{\mathrm{T}},\boldsymbol{\varepsilon}_2=(0,1,0)^{\mathrm{T}},\boldsymbol{\varepsilon}_3=(0,0,1)^{\mathrm{T}}$；

(2)$\boldsymbol{\beta}=(4,3,3)^{\mathrm{T}},\boldsymbol{\alpha}_1=(1,-1,2)^{\mathrm{T}},\boldsymbol{\alpha}_2=(2,1,0)^{\mathrm{T}},\boldsymbol{\alpha}_3=(-1,2,1)^{\mathrm{T}}$；

(3)$\boldsymbol{\beta}=(1,-1,1,-1)^{\mathrm{T}},\boldsymbol{\alpha}_1=(1,1,1,1)^{\mathrm{T}},\boldsymbol{\alpha}_2=(1,1,-1,-1)^{\mathrm{T}},\boldsymbol{\alpha}_3=(-1,2,1,1)^{\mathrm{T}},\boldsymbol{\alpha}_4=(1,2,1,1)^{\mathrm{T}}$.

3. 判断下列向量组的线性相关性.

(1)$\boldsymbol{\alpha}_1=(1,1,3,1)^{\mathrm{T}},\boldsymbol{\alpha}_2=(1,2,3,1)^{\mathrm{T}},\boldsymbol{\alpha}_3=(2,1,-1,3)^{\mathrm{T}}$；

(2)$\boldsymbol{\alpha}_1=(1,0,-1)^{\mathrm{T}}$,$\boldsymbol{\alpha}_2=(-2,1,0)^{\mathrm{T}}$,$\boldsymbol{\alpha}_3=(3,-2,1)^{\mathrm{T}}$.

4.求下列向量组的秩和一个极大无关组.

(1)$\boldsymbol{\alpha}_1=(-1,1,3,3)^{\mathrm{T}}$,$\boldsymbol{\alpha}_2=(-1,-2,2,6)^{\mathrm{T}}$,$\boldsymbol{\alpha}_3=(1,1,-2,-5)^{\mathrm{T}}$,$\boldsymbol{\alpha}_4=(0,1,1,-1)^{\mathrm{T}}$,$\boldsymbol{\alpha}_5=(1,2,3,0)^{\mathrm{T}}$;

(2)$\boldsymbol{\alpha}_1=(1,1,3,1)^{\mathrm{T}}$,$\boldsymbol{\alpha}_2=(-1,1,-1,3)^{\mathrm{T}}$,$\boldsymbol{\alpha}_3=(-1,3,1,7)^{\mathrm{T}}$,$\boldsymbol{\alpha}_4=(5,-2,8,-9)^{\mathrm{T}}$.

5.已知向量组 $\boldsymbol{\alpha}=(1,2,1,1)^{\mathrm{T}}$,$\boldsymbol{\beta}=(2,5,k,1)^{\mathrm{T}}$,$\boldsymbol{\gamma}=(0,-4,8,4)^{\mathrm{T}}$ 的秩为 2,求 k 的值.

6.设向量组 $\boldsymbol{\alpha}_1=(6,a+1,3)^{\mathrm{T}}$,$\boldsymbol{\alpha}_2=(a,2,-2)^{\mathrm{T}}$,$\boldsymbol{\alpha}_3=(a,1,0)^{\mathrm{T}}$,试问:

(1)a 为何值时,$\boldsymbol{\alpha}_1$,$\boldsymbol{\alpha}_2$ 线性相关?

(2)a 为何值时,$\boldsymbol{\alpha}_1$,$\boldsymbol{\alpha}_2$,$\boldsymbol{\alpha}_3$ 线性相关?

7.试证:如果向量组 $\boldsymbol{\alpha}_1,\boldsymbol{\alpha}_2,\cdots,\boldsymbol{\alpha}_m$ 线性无关,而向量组 $\boldsymbol{\beta},\boldsymbol{\alpha}_1,\boldsymbol{\alpha}_2,\cdots,\boldsymbol{\alpha}_m$ 线性相关,则向量 $\boldsymbol{\beta}$ 可由向量组 $\boldsymbol{\alpha}_1,\boldsymbol{\alpha}_2,\cdots,\boldsymbol{\alpha}_m$ 唯一地线性表示.

第 4 章

线性方程组

学习目标：

(1)理解线性方程组解的概念，会用消元法解一般线性方程组.

(2)掌握线性方程组解的判定定理.

(3)掌握并能熟练地求出齐次线性方程组的基础解系；理解线性方程组解的结构，并能熟练求出一般线性方程组的解(或通解).

4.1 消元法

n 元线性方程组的一般形式为

$$\begin{cases} a_{11}x_1+a_{12}x_2+\cdots+a_{1n}x_n=b_1 \\ a_{21}x_1+a_{22}x_2+\cdots+a_{2n}x_n=b_2 \\ \cdots\cdots \\ a_{m1}x_1+a_{m2}x_2+\cdots+a_{mn}x_n=b_m \end{cases}. \tag{4-1}$$

式中，$m\times n$ 个系数 $a_{ij}(i=1,2,\cdots,m;j=1,2,\cdots,n)$ 和 m 个常数项 $b_i(i=1,2,\cdots,m)$ 都是已知数，$x_j(j=1,2,\cdots,n)$ 是 n 个未知数(也称之为元).

当常数项 $b_1,b_2,\cdots,b_m$ 不全为零时，称线性方程组(4-1)为非齐次线性方程组.

当 $b_1=b_2=\cdots=b_m=0$ 时，即

$$\begin{cases} a_{11}x_1+a_{12}x_2+\cdots+a_{1n}x_n=0 \\ a_{21}x_1+a_{22}x_2+\cdots+a_{2n}x_n=0 \\ \cdots\cdots \\ a_{m1}x_1+a_{m2}x_2+\cdots+a_{mn}x_n=0 \end{cases}. \tag{4-2}$$

称线性方程组(4-2)为齐次线性方程组.

线性方程组(4-1)的矩阵形式为

$$\boldsymbol{AX}=\boldsymbol{B}.$$

其中，矩阵

$$A=\begin{pmatrix} a_{11} & a_{12} & \cdots & a_{1n} \\ a_{21} & a_{22} & \cdots & a_{2n} \\ \vdots & \vdots & & \vdots \\ a_{m1} & a_{m2} & \cdots & a_{mn} \end{pmatrix},\quad X=\begin{pmatrix} x_1 \\ x_2 \\ \vdots \\ x_n \end{pmatrix},\quad B=\begin{pmatrix} b_1 \\ b_2 \\ \vdots \\ b_m \end{pmatrix}$$

分别称为线性方程组(4-1)的系数矩阵、未知数矩阵及常数矩阵.

矩阵

$$\widetilde{A}=\begin{pmatrix} a_{11} & a_{12} & \cdots & a_{1n} & b_1 \\ a_{21} & a_{22} & \cdots & a_{2n} & b_2 \\ \vdots & \vdots & & \vdots & \vdots \\ a_{m1} & a_{m2} & \cdots & a_{mn} & b_m \end{pmatrix}$$

称为线性方程组(4-1)的增广矩阵.

线性方程组(4-1)的向量形式为

$$x_1\boldsymbol{\alpha}_1+x_2\boldsymbol{\alpha}_2+\cdots+x_n\boldsymbol{\alpha}_n=\boldsymbol{\beta}.$$

其中 $n+1$ 个向量

$$\boldsymbol{\alpha}_1=\begin{pmatrix} a_{11} \\ a_{21} \\ \vdots \\ a_{m1} \end{pmatrix},\quad \boldsymbol{\alpha}_2=\begin{pmatrix} a_{12} \\ a_{22} \\ \vdots \\ a_{m2} \end{pmatrix},\quad \cdots,\quad \boldsymbol{\alpha}_n=\begin{pmatrix} a_{1n} \\ a_{2n} \\ \vdots \\ a_{mn} \end{pmatrix},\quad \boldsymbol{\beta}=\begin{pmatrix} b_1 \\ b_2 \\ \vdots \\ b_m \end{pmatrix}$$

都是 m 维向量.

齐次线性方程组(4-2)的矩阵形式为

$$\boldsymbol{AX}=\boldsymbol{O},$$

向量形式为

$$x_1\boldsymbol{\alpha}_1+x_2\boldsymbol{\alpha}_2+\cdots+x_n\boldsymbol{\alpha}_n=\boldsymbol{0}.$$

4.1.1 消元法

在中学代数中,我们学习了用消元法解线性方程组,本节将复习一下初等代数中的消元法.

以下三种变换称为方程组的同解变换:

(1)互换两个方程的位置;

(2)用一非零的数乘某一方程;

(3)把一个方程的 k 倍加到另一方程上.

例 1 求解线性方程组

$$\begin{cases} x_1+2x_2-3x_3=14 \\ -x_1+x_2+3x_3=-5. \\ 2x_1-x_2+4x_3=-7 \end{cases}$$

解　利用消元法求解线性方程组,即

$$\begin{cases}x_1+2x_2-3x_3=14\\-x_1+x_2+3x_3=-5\\2x_1-x_2+4x_3=-7\end{cases}\to\begin{cases}x_1+2x_2-3x_3=14\\3x_2=9\\-5x_2+10x_3=-35\end{cases}\to\begin{cases}x_1+2x_2-3x_3=14\\x_2=3\\-5x_2+10x_3=-35\end{cases}$$

$$\to\begin{cases}x_1-3x_3=8\\x_2=3\\10x_3=-20\end{cases}\to\begin{cases}x_1-3x_3=8\\x_2=3\\x_3=-2\end{cases}\to\begin{cases}x_1=2\\x_2=3\\x_3=-2\end{cases}.$$

4.1.2　矩阵的初等行变换与消元法

由例 1,每一次消元只是三个未知变元的系数和常数项在变化,未知变元本身并不改变,所以上述过程相当于对线性方程组的增广矩阵施行初等行变换.即

$$\widetilde{\boldsymbol{A}}=\begin{pmatrix}1&2&-3&14\\-1&1&3&-5\\2&-1&4&-7\end{pmatrix}\xrightarrow[r_3-2r_1]{r_2+r_1}\begin{pmatrix}1&2&-3&14\\0&3&0&9\\0&-5&10&35\end{pmatrix}$$

$$\xrightarrow{\frac{1}{3}r_2}\begin{pmatrix}1&2&-3&14\\0&1&0&3\\0&-5&10&-35\end{pmatrix}\xrightarrow[r_3+5r_2]{r_1-2r_2}\begin{pmatrix}1&0&-3&8\\0&1&0&3\\0&0&10&-20\end{pmatrix}$$

$$\xrightarrow{\frac{1}{10}r_3}\begin{pmatrix}1&0&-3&8\\0&1&0&3\\0&0&1&-2\end{pmatrix}\xrightarrow{r_1+3r_3}\begin{pmatrix}1&0&0&2\\0&1&0&3\\0&0&1&-2\end{pmatrix}.$$

可以看出,用消元法解线性方程组就是对线性方程组的增广矩阵施行初等行变换,将线性方程组的增广矩阵转化成最简行阶梯形矩阵,得到方程组的解.

例 2　求解线性方程组

$$\begin{cases}x_1-x_2+x_3-x_4=1\\2x_1+x_2+x_3+2x_4=3\\-x_1+2x_2+2x_3-x_4=-4\\x_1+2x_2+x_3+3x_4=5\end{cases}.$$

解　对此线性方程组的增广矩阵 $\widetilde{\boldsymbol{A}}$ 施行初等行变换.

$$\widetilde{\boldsymbol{A}}=\begin{pmatrix}1&-1&1&-1&1\\2&1&1&2&3\\-1&2&2&-1&-4\\1&2&1&3&5\end{pmatrix}\xrightarrow[\substack{r_3+r_1\\r_4-r_1}]{r_2-2r_1}\begin{pmatrix}1&-1&1&-1&1\\0&3&-1&4&1\\0&1&3&-2&-3\\0&3&0&4&4\end{pmatrix}$$

$$\xrightarrow{r_2\leftrightarrow r_3}\begin{pmatrix}1&-1&1&-1&1\\0&1&3&-2&-3\\0&3&-1&4&1\\0&3&0&4&4\end{pmatrix}\xrightarrow[r_4-3r_2]{\substack{r_1+r_2\\r_3-3r_2}}\begin{pmatrix}1&0&4&-3&-2\\0&1&3&-2&-3\\0&0&-10&10&10\\0&0&-9&10&13\end{pmatrix}$$

$$\xrightarrow{-\frac{1}{10}r_3}\begin{pmatrix}1&0&4&-3&-2\\0&1&3&-2&-3\\0&0&1&-1&-1\\0&0&-9&10&13\end{pmatrix}\xrightarrow[r_4+9r_3]{\substack{r_1-4r_3\\r_2-3r_3}}\begin{pmatrix}1&0&0&1&2\\0&1&0&1&0\\0&0&1&-1&-1\\0&0&0&1&4\end{pmatrix}$$

$$\xrightarrow[r_3+r_4]{\substack{r_1-r_4\\r_2-r_4}}\begin{pmatrix}1&0&0&1&-2\\0&1&0&0&-4\\0&0&1&0&3\\0&0&0&1&4\end{pmatrix}.$$

与最简行阶梯形矩阵对应的线性方程组为

$$\begin{cases}x_1=-2\\x_2=-4\\x_3=3\\x_4=4\end{cases},$$

即为原方程组的解.

例 3 求解线性方程组

$$\begin{cases}x_1-2x_2+x_3=-2\\x_1+x_2-2x_3=4\\-2x_1+x_2+x_3=-2\end{cases}.$$

解 对此线性方程组的增广矩阵 $\widetilde{\mathbf{A}}$ 施行初等行变换.

$$\widetilde{\mathbf{A}}=\begin{pmatrix}1&-2&1&-2\\1&1&-2&4\\-2&1&1&-2\end{pmatrix}\xrightarrow[r_3+2r_1]{r_2-r_1}\begin{pmatrix}1&-2&1&-2\\0&3&-3&6\\0&-3&3&-6\end{pmatrix}$$

$$\xrightarrow{r_3+r_2}\begin{pmatrix}1&-2&1&-2\\0&3&-3&6\\0&0&0&0\end{pmatrix}\xrightarrow{\frac{1}{3}r_2}\begin{pmatrix}1&-2&1&-2\\0&1&-1&2\\0&0&0&0\end{pmatrix}$$

$$\xrightarrow{r_1+2r_2}\begin{pmatrix}1&0&-1&2\\0&1&-1&2\\0&0&0&0\end{pmatrix}.$$

与最简行阶梯形矩阵对应的线性方程组为

$$\begin{cases}x_1-x_3=2\\x_2-x_3=2\end{cases},$$

即

$$\begin{cases}x_1=x_3+2\\x_2=x_3+2\end{cases}.$$

这个方程组与原方程组同解，很明显地给定 x_3 一个值，就有原方程组一个解．因此，原方程组有无穷多个解，即

$$\begin{cases}x_1=C+2\\x_2=C+2,\\x_3=C\end{cases}$$

其中，C 为任意常数．

例 4　求解线性方程组

$$\begin{cases}x_1-2x_2+x_3=3\\2x_1-3x_2-x_3=7.\\x_1-x_2-2x_3=5\end{cases}$$

解　对此线性方程组的增广矩阵 $\widetilde{\mathbf{A}}$ 施行初等行变换

$$\widetilde{\mathbf{A}}=\begin{pmatrix}1&-2&1&3\\2&-3&-1&7\\1&-1&-2&5\end{pmatrix}\xrightarrow[r_3-r_1]{r_2-2r_1}\begin{pmatrix}1&-2&1&3\\0&1&-3&1\\0&1&-3&2\end{pmatrix}\xrightarrow{r_3-r_2}\begin{pmatrix}1&-2&1&3\\0&1&-3&1\\0&0&0&1\end{pmatrix},$$

与最简行阶梯形矩阵对应的线性方程组为

$$\begin{cases}x_1-2x_2+x_3=3\\x_2-3x_3=1\\0x_3=1\end{cases}.$$

这个方程组与原方程组同解，显然这个方程组中第三个方程矛盾，所以原方程组无解．

思考题：总结用消元法解线性方程组的步骤．

4.2　线性方程组解的判定

4.2.1　非齐次线性方程组的解的判定定理

我们不难发现，对线性方程组进行同解变换，相当于对其线性方程组的增广矩阵施行初等行变换转化成行阶梯形矩阵．方法如下：

在非齐次线性方程组(4-1)

$$\begin{cases} a_{11}x_1+a_{12}x_2+\cdots+a_{1n}x_n=b_1 \\ a_{21}x_1+a_{22}x_2+\cdots+a_{2n}x_n=b_2 \\ \cdots\cdots \\ a_{m1}x_1+a_{m2}x_2+\cdots+a_{mn}x_n=b_m \end{cases}$$

中，其系数矩阵 $\boldsymbol{A}$ 与其增广矩阵 $\widetilde{\boldsymbol{A}}$ 分别是

$$\boldsymbol{A}=\begin{pmatrix} a_{11} & a_{12} & \cdots & a_{1n} \\ a_{21} & a_{22} & \cdots & a_{2n} \\ \vdots & \vdots & & \vdots \\ a_{m1} & a_{m2} & \cdots & a_{mn} \end{pmatrix},\quad \widetilde{\boldsymbol{A}}=\begin{pmatrix} a_{11} & a_{12} & \cdots & a_{1n} & b_1 \\ a_{21} & a_{22} & \cdots & a_{2n} & b_2 \\ \vdots & \vdots & & \vdots & \vdots \\ a_{m1} & a_{m2} & \cdots & a_{mn} & b_m \end{pmatrix}.$$

不妨设 $r(\boldsymbol{A})=r$，且 $\boldsymbol{A}$ 的左上角有一个 r 阶子式不为 0.

利用初等行变换将增广矩阵 $\widetilde{\boldsymbol{A}}$ 转化为行阶梯形矩阵

$$\widetilde{\boldsymbol{A}}=\begin{pmatrix} 1 & 0 & \cdots & 0 & c_{1(r+1)} & \cdots & c_{1n} & d_1 \\ 0 & 1 & \cdots & 0 & c_{2(r+1)} & \cdots & c_{2n} & d_2 \\ \vdots & \vdots & & \vdots & \vdots & & \vdots & \vdots \\ 0 & 0 & \cdots & 1 & c_{r(r+1)} & \cdots & c_{rn} & d_r \\ 0 & 0 & \cdots & 0 & 0 & \cdots & 0 & d_{r+1} \\ 0 & 0 & \cdots & 0 & 0 & \cdots & 0 & 0 \\ \vdots & \vdots & & \vdots & \vdots & & \vdots & \vdots \\ 0 & 0 & \cdots & 0 & 0 & \cdots & 0 & 0 \end{pmatrix},$$

对应的同解方程组为

$$\begin{cases} x_1=-c_{1r+1}x_{r+1}-\cdots-c_{1n}x_n+d_1 \\ x_2=-c_{2r+1}x_{r+1}-\cdots-c_{2r}x_n+d_2 \\ \cdots\cdots \\ x_r=-c_{rr+1}x_{r+1}-\cdots-c_{rn}x_n+d_r \\ 0=d_{r+1} \end{cases}.$$

显然，线性方程组(4－1)是否有解取决于 d_{r+1} 是否为零.

当 $d_{r+1}=0$ 时，有 $r(\boldsymbol{A})=r(\widetilde{\boldsymbol{A}})$；

当 $d_{r+1}\neq 0$ 时，有 $r(\boldsymbol{A})\neq r(\widetilde{\boldsymbol{A}})$.

这样，得到如下定理：

定理 4.1 （方程组有解的判定定理）n 元非齐次线性方程组 $\boldsymbol{AX}=\boldsymbol{B}$ 有解的充分必要条件是 $r(\boldsymbol{A})=r(\widetilde{\boldsymbol{A}})$.

推论 若 n 元非齐次线性方程组 $\boldsymbol{AX}=\boldsymbol{B}$ 中，有 $r(\boldsymbol{A})\neq r(\widetilde{\boldsymbol{A}})$，则方程组无解.

在有解的情况，又有如下定理：

定理 4.2　n 元线性方程组 $\boldsymbol{AX}=\boldsymbol{B}$ 有解，且 $r(\boldsymbol{A})=r(\widetilde{\boldsymbol{A}})=r$，则：

(1)当 $r=n$ 时，线性方程组 $\boldsymbol{AX}=\boldsymbol{B}$ 有唯一解；

(2)当 $r<n$ 时，线性方程组 $\boldsymbol{AX}=\boldsymbol{B}$ 有无穷多组解.

例 1　判断下列线性方程组是否有解及有解时解的个数：

(1)$\begin{cases}x_1+x_2-x_3=2\\2x_1+x_2+3x_3=3\\5x_1+3x_2+5x_3=6\end{cases}$；(2)$\begin{cases}x_1-x_2+2x_3+x_4=3\\x_1+2x_2-x_3+3x_4=2\\x_1+5x_2-4x_3+5x_4=1\end{cases}$；

(3)$\begin{cases}x_1+x_2-2x_3=0\\2x_1-x_2+x_3=1\\x_1-2x_2+2x_3=-1\end{cases}$.

解　利用矩阵的初等行变换分别将三个线性方程组的增广矩阵化为行阶梯形矩阵.

(1)因为 $n=3$，且

$$\widetilde{\boldsymbol{A}}=\begin{pmatrix}1&1&-1&2\\2&1&3&3\\5&3&5&6\end{pmatrix}\xrightarrow[r_3-5r_1]{r_2-2r_1}\begin{pmatrix}1&1&-1&2\\0&-1&5&-1\\0&-2&10&-4\end{pmatrix}\xrightarrow{r_3-2r_2}\begin{pmatrix}1&1&-1&2\\0&-1&5&-1\\0&0&0&-2\end{pmatrix},$$

由此可得
$$r(\boldsymbol{A})=2,\quad r(\widetilde{\boldsymbol{A}})=3,$$
即
$$r(\boldsymbol{A})\neq r(\widetilde{\boldsymbol{A}}).$$
所以，原方程组无解.

(2)因为 $n=4$，且

$$\widetilde{\boldsymbol{A}}=\begin{pmatrix}1&-1&2&1&3\\1&2&-1&3&2\\1&5&-4&5&1\end{pmatrix}\xrightarrow[r_3-r_1]{r_2-r_1}\begin{pmatrix}1&-1&2&1&3\\0&3&-3&2&-1\\0&6&-6&4&-2\end{pmatrix}$$

$$\xrightarrow{r_3-2r_2}\begin{pmatrix}1&-1&2&1&3\\0&3&-3&2&-1\\0&0&0&0&0\end{pmatrix},$$

由此可得
$$r(\boldsymbol{A})=r(\widetilde{\boldsymbol{A}})=2<4=n$$
所以，原方程组有解且有无穷多解.

(3)因为 $n=3$，且

$$\widetilde{\boldsymbol{A}}=\begin{pmatrix}1&1&-2&0\\2&-1&1&1\\1&-2&2&-1\end{pmatrix}\xrightarrow[r_3-r_1]{r_2-2r_1}\begin{pmatrix}1&1&-2&0\\0&-3&5&1\\0&-3&4&-1\end{pmatrix}$$

$$\xrightarrow{r_3-r_2}\begin{pmatrix}1&1&-2&0\\0&3&5&1\\0&0&-1&-2\end{pmatrix},$$

由此可得 $$r(\mathbf{A})=r(\widetilde{\mathbf{A}})=3=n.$$

所以,原方程组有解且有唯一解.

例 2 λ 取何值时,线性方程组

$$\begin{cases}x_1+x_2+\lambda x_3=1\\-x_1+\lambda x_2=-2\\x_1+\lambda^2x_2+x_3=\lambda\end{cases}$$

有唯一解？有无穷多解？无解？

解 利用矩阵的初等行变换线性方程组的增广矩阵化为行阶梯形矩阵.

$$\widetilde{\mathbf{A}}=\begin{pmatrix}1&1&\lambda&1\\-1&\lambda&0&-2\\1&\lambda^2&1&\lambda\end{pmatrix}\xrightarrow[r_3-r_1]{r_2+r_1}\begin{pmatrix}1&1&\lambda&1\\0&\lambda+1&\lambda&-1\\0&\lambda^2-1&1-\lambda&\lambda-1\end{pmatrix}$$

$$\xrightarrow{r_3-(\lambda-1)r_2}\begin{pmatrix}1&1&\lambda&1\\0&\lambda+1&\lambda&-1\\0&0&1-\lambda^2&2(\lambda-1)\end{pmatrix},$$

当 $2(\lambda-1)=0$ 且 $1-\lambda^2=0$,即 $\lambda=1$ 时,有 $r(\mathbf{A})=r(\widetilde{\mathbf{A}})=2<3=n$,方程组有无穷多解；

当 $1-\lambda^2\neq0$,即 $\lambda\neq\pm1$ 时,有 $r(\mathbf{A})=r(\widetilde{\mathbf{A}})=3=n$,方程组有唯一解；

当 $2(\lambda-1)\neq0$ 且 $1-\lambda^2=0$,即 $\lambda=-1$ 时,$r(\mathbf{A})=2$,$r(\widetilde{\mathbf{A}})=3$,方程组无解.

4.2.2 齐次线性方程组解的判定

在齐次线性方程组(4-2)

$$\begin{cases}a_{11}x_1+a_{12}x_2+\cdots+a_{1n}x_n=0\\a_{21}x_1+a_{22}x_2+\cdots+a_{2n}x_n=0\\\cdots\cdots\\a_{m1}x_1+a_{m2}x_2+\cdots+a_{mn}x_n=0\end{cases}$$

中,增广矩阵 $\widetilde{\mathbf{A}}$ 的最后一列全为零,显然,$r(\mathbf{A})=r(\widetilde{\mathbf{A}})$,由定理 4.1 齐次线性方程组(4-2)一定有解.又 $x_1=x_2=\cdots=x_n=0$ 一定是齐次线性方程组的解,因此,如何判定齐次线性方程组(4-2)有非零解是我们要考虑的问题.

定理 4.3 n 元齐次线性方程组 $\mathbf{AX}=\mathbf{O}$ 有非零解的充分必要条件是它的系数矩阵 $\mathbf{A}$ 的秩小于未知数的个数 n.即

$$r(\mathbf{A})<n.$$

推论 1　n 元齐次线性方程组 $\boldsymbol{AX}=\boldsymbol{O}$ 只有零解的充分必要条件是它的系数矩阵 $\boldsymbol{A}$ 的秩等于未知数的个数 n. 即

$$r(\boldsymbol{A})=n.$$

例 3　判定下列齐次线性方程组解的情况.

$$(1)\begin{cases}x_1+x_2+x_3+x_4=0\\2x_1+x_2-x_3+x_4=0\\x_1+2x_2+3x_3-x_4=0\\x_1-x_2+2x_3-2x_4=0\end{cases};\qquad(2)\begin{cases}x_1+x_2+x_3-x_4=0\\x_1-x_2+x_3+2x_4=0\\2x_1+2x_2-x_3-x_4=0\end{cases}.$$

解　对系数矩阵 $\boldsymbol{A}$ 施行初等行变换.

$$(1)\boldsymbol{A}=\begin{pmatrix}1&1&1&1\\2&1&-1&1\\1&2&3&-1\\1&-1&2&-2\end{pmatrix}\xrightarrow[r_4-r_1]{\substack{r_2-2r_1\\r_3-r_1}}\begin{pmatrix}1&1&1&1\\0&-1&-3&-1\\0&1&2&-2\\0&-2&1&-3\end{pmatrix}$$

$$\xrightarrow[r_4-2r_2]{r_3+r_2}\begin{pmatrix}1&1&1&1\\0&-1&-3&-1\\0&0&-1&-3\\0&0&7&-1\end{pmatrix}\xrightarrow{r_4+7r_3}\begin{pmatrix}1&1&1&1\\0&-1&-3&-1\\0&0&-1&-3\\0&0&0&-22\end{pmatrix},$$

由此可得，
$$r(\boldsymbol{A})=4=n,$$
所以此齐次线性方程组只有零解.

$$(2)\boldsymbol{A}=\begin{pmatrix}1&1&1&-1\\1&-1&1&2\\2&2&-1&-1\end{pmatrix}\xrightarrow[r_3-2r_1]{r_2-r_1}\begin{pmatrix}1&1&1&-1\\0&-2&0&3\\0&0&-3&1\end{pmatrix}$$

由此可得，
$$r(\boldsymbol{A})=3<4=n,$$
所以此齐次线性方程组有非零解.

推论 2　若 n 元齐次线性方程组(4-2)的方程个数小于未知数的个数，即 $m<n$，则它必有非零解.

思考题：怎样判定齐次和非齐次线性方程组解的情况？

4.3　线性方程组的解的结构

在上一节的讨论中，解决了线性方程组解的判定问题. 线性方程组在有解的情况下分为有唯一解和无穷多解两种情况. 那么，在有无穷多组解的情况下，这些解与解之间有什么关系？我们又怎样表示这些解呢？下面我们就来讨论这个问题.

4.3.1 齐次线性方程组的解的结构

n 元齐次线性方程组(4-2)

$$\begin{cases} a_{11}x_1+a_{12}x_2+\cdots+a_{1n}x_n=0 \\ a_{21}x_1+a_{22}x_2+\cdots+a_{2n}x_n=0 \\ \cdots\cdots \\ a_{m1}x_1+a_{m2}x_2+\cdots+a_{mn}x_n=0 \end{cases}$$

的矩阵形式为

$$\boldsymbol{AX}=\boldsymbol{O},$$

它的任意一组解

$$x_1=k_1,\quad x_2=k_2,\quad \cdots,\quad x_n=k_n$$

可以看成一个 n 维向量$(k_1,k_2,\cdots,k_n)^{\mathrm{T}}$,称这个向量为齐次线性方程组(4-2)的解向量.

显然,n 维向量 $\mathbf{0}=(0,0,\cdots,0)^{\mathrm{T}}$ 是(4-2)的一个解向量.

这样,若 $\boldsymbol{\eta}=\begin{pmatrix} k_1 \\ k_2 \\ \vdots \\ k_n \end{pmatrix}$是方程组(4-2)的解向量,就有 $\boldsymbol{A\eta}=\boldsymbol{O}$.

首先,我们讨论齐次线性方程组解的两个性质:

性质 4.1 如果 $\boldsymbol{\eta}_1,\boldsymbol{\eta}_2$ 是齐次线性方程组(4-2)的两个解向量,则 $\boldsymbol{\eta}_1+\boldsymbol{\eta}_2$ 也是齐次线性方程组(4-2)的解向量.

性质 4.2 如果 $\boldsymbol{\eta}$ 是齐次线性方程组(4-2)的解向量,k 为任意常数,则 $k\boldsymbol{\eta}$ 也是齐次线性方程组(4-2)的解向量.

事实上,因为 $\boldsymbol{\eta}_1,\boldsymbol{\eta}_2,\boldsymbol{\eta}$ 是齐次线性方程组(4-2)的解向量,所以

$$\boldsymbol{A\eta}_1=\boldsymbol{O},\quad \boldsymbol{A\eta}_2=\boldsymbol{O},\quad \boldsymbol{A\eta}=\boldsymbol{O}.$$

于是

$$\boldsymbol{A}(\boldsymbol{\eta}_1+\boldsymbol{\eta}_2)=\boldsymbol{O}+\boldsymbol{O}=\boldsymbol{O},$$
$$\boldsymbol{A}(k\boldsymbol{\eta})=\boldsymbol{O},$$

所以 $\boldsymbol{\eta}_1+\boldsymbol{\eta}_2$ 及 $k\boldsymbol{\eta}$ 都是齐次线性方程组(4-2)的解向量.

这两个性质可以推广为:$\boldsymbol{\eta}_1,\boldsymbol{\eta}_2,\cdots,\boldsymbol{\eta}_s$ 是线性方程组(4-2)的 s 个解向量,则 $\boldsymbol{\eta}_1,\boldsymbol{\eta}_2,\cdots,\boldsymbol{\eta}_s$ 的任意一个线性组合

$$\boldsymbol{x}=k_1\boldsymbol{\eta}_1+k_2\boldsymbol{\eta}_2+\cdots+k_s\boldsymbol{\eta}_s$$

也是线性方程组(4-2)的解向量.

这两个性质说明,由方程组(4-2)的无穷多个非零解向量构成一个 n 维向量

组，如果能够求出这个向量组的极大无关组，则方程组(4-2)的全部解都可由这个极大无关组线性表示.

其次，给出基础解系的概念.

定义　如果 n 元齐次线性方程组(4-2)的一组解向量 $\boldsymbol{\eta}_1,\boldsymbol{\eta}_2,\cdots,\boldsymbol{\eta}_s$ 满足下列两个条件：

(1)向量组 $\boldsymbol{\eta}_1,\boldsymbol{\eta}_2,\cdots,\boldsymbol{\eta}_s$ 线性无关；

(2)齐次线性方程组(4-2)的任意一个解向量都可以由向量组 $\boldsymbol{\eta}_1,\boldsymbol{\eta}_2,\cdots,\boldsymbol{\eta}_s$ 线性表示，则称向量组 $\boldsymbol{\eta}_1,\boldsymbol{\eta}_2,\cdots,\boldsymbol{\eta}_s$ 是齐次线性方程组(4-2)的一个基础解系.

由定义知，如果齐次线性方程组(4-2)只有零解向量，那么方程组(4-2)就不存在基础解系；如果齐次线性方程组(4-2)有非零解向量，那么方程组(4-2)有无穷多个解向量，而基础解系就是这无穷多个解向量所构成向量组的一个极大无关组.

如果 $\boldsymbol{\eta}_1,\boldsymbol{\eta}_2,\cdots,\boldsymbol{\eta}_s$ 是齐次线性方程组(4-2)的一个基础解系，那么它所有的解可表示为

$$\boldsymbol{\eta}=k_1\boldsymbol{\eta}_1+k_2\boldsymbol{\eta}_2+\cdots+k_s\boldsymbol{\eta}_s,$$

称 $\boldsymbol{\eta}$ 为齐次线性方程组(4-2)的通解.

再次，讨论怎样求出齐次线性方程组的一个基础解系.

定理 4.4　如果 n 元齐次线性方程组(4-2)的系数矩阵 $\mathbf{A}$ 的秩

$$r(\mathbf{A})=r<n$$

则齐次线性方程组(4-2)的基础解系存在，而且基础解系含有 $n-r$ 个解向量.

证明　因为 $r(\mathbf{A})=r<n$，不妨设 $\mathbf{A}$ 的前 r 个列向量线性无关，于是对 $\mathbf{A}$ 施行若干次初等行变换后，一定可以转化为如下形式：

$$\widetilde{\mathbf{A}}\to\begin{pmatrix}1&0&\cdots&0&c_{1(r+1)}&c_{1(r+2)}&\cdots&c_{1n}\\0&1&\cdots&0&c_{2(r+1)}&c_{2(r+2)}&\cdots&c_{2n}\\\vdots&\vdots&&\vdots&\vdots&\vdots&&\vdots\\0&0&\cdots&1&c_{r(r+1)}&c_{r(r+2)}&\cdots&c_{rn}\\0&0&\cdots&0&0&0&\cdots&0\\\vdots&\vdots&&\vdots&\vdots&\vdots&&\vdots\\0&0&\cdots&0&0&0&\cdots&0\end{pmatrix}.$$

于是，得到与齐次线性方程组(4-2)同解的方程组

$$\begin{cases}x_1=-c_{1(r+1)}x_{r+1}-c_{1(r+2)}x_{r+2}-\cdots-c_{1n}x_n\\x_2=-c_{2(r+1)}x_{r+1}-c_{2(r+2)}x_{r+2}-\cdots-c_{2n}x_n\\\cdots\cdots\\x_r=-c_{r(r+1)}x_{r+1}-c_{r(r+2)}x_{r+2}-\cdots-c_{rn}x_n\end{cases}\tag{4-3}$$

其中，$x_{r+1},x_{r+2},\cdots,x_n$ 为自由未知量，任给 $(x_{r+1},x_{r+2},\cdots,x_n)^{\mathrm{T}}$ 一组值，就得到方程组(4-3)的一组解，也是方程组(4-2)的一组解.

当自由未知量依次取下列 $n-r$ 组数：

$$\begin{pmatrix} x_{r+1} \\ x_{r+2} \\ \vdots \\ x_n \end{pmatrix}=\begin{pmatrix} 1 \\ 0 \\ \vdots \\ 0 \end{pmatrix},\quad \begin{pmatrix} 0 \\ 1 \\ \vdots \\ 0 \end{pmatrix},\quad \cdots,\quad \begin{pmatrix} 0 \\ 0 \\ \vdots \\ 1 \end{pmatrix}$$

代入方程组(4-3)，从而可求出方程组(4-2)的一组解

$$\boldsymbol{\eta}_1=\begin{pmatrix} -c_{1r+1} \\ -c_{2r+1} \\ \vdots \\ -c_{rr+1} \\ 1 \\ 0 \\ \vdots \\ 0 \end{pmatrix},\quad \boldsymbol{\eta}_2=\begin{pmatrix} -c_{1r+2} \\ -c_{2r+2} \\ \vdots \\ -c_{rr+2} \\ 0 \\ 1 \\ \vdots \\ 0 \end{pmatrix},\quad \cdots,\quad \boldsymbol{\eta}_{n-r}=\begin{pmatrix} -c_{1n} \\ -c_{2n} \\ \vdots \\ -c_{rn} \\ 0 \\ 0 \\ \vdots \\ 1 \end{pmatrix}.$$

下面验证 $\boldsymbol{\eta}_1,\boldsymbol{\eta}_2,\cdots,\boldsymbol{\eta}_{n-r}$ 是方程组(4-2)的基础解系.

(1) $(x_{r+1},x_{r+2},\cdots,x_n)^{\mathrm{T}}$ 所取的 $n-r$ 个 $n-r$ 维单位向量 $(1,0,\cdots,0)^{\mathrm{T}}$，$(0,1,\cdots,0)^{\mathrm{T}},\cdots,,(0,0,\cdots,1)^{\mathrm{T}}$ 线性无关，所以在每个向量前面添加 r 个分量而得到的 $n-r$ 个 n 维向量 $\boldsymbol{\eta}_1,\boldsymbol{\eta}_2,\cdots,\boldsymbol{\eta}_{n-r}$ 也线性无关.

(2)将自由未知量 $x_{r+1},x_{r+2},\cdots,x_n$ 用任意常数 $k_1,k_2,\cdots,k_{n-r}$ 代入，并记 $\boldsymbol{\eta}=(x_1,x_2,\cdots,x_r,x_{r+1},x_{r+2},\cdots,x_n)^{\mathrm{T}}$，可得 $\boldsymbol{\eta}=k_1\boldsymbol{\eta}_1+k_2\boldsymbol{\eta}_2+\cdots+k_{n-r}\boldsymbol{\eta}_{n-r}$，也就是说，齐次线性方程组的任一解都可由 $\boldsymbol{\eta}_1,\boldsymbol{\eta}_2,\cdots,\boldsymbol{\eta}_{n-r}$ 线性表示.

综上可知，$\boldsymbol{\eta}_1,\boldsymbol{\eta}_2,\cdots,\boldsymbol{\eta}_{n-r}$ 是齐次方程组(4-2)的基础解系.

例 1 求齐次线性方程组

$$\begin{cases} x_1+x_2+2x_3-x_4=0 \\ x_1+2x_2-x_3+3x_4=0 \\ 4x_1+5x_2+5x_3=0 \end{cases}$$

的一个基础解系与通解.

解 对系数矩阵 $\boldsymbol{A}$ 施行初等变换.

$$\boldsymbol{A}=\begin{pmatrix} 1 & 1 & 2 & -1 \\ 1 & 2 & -1 & 3 \\ 4 & 5 & 5 & 0 \end{pmatrix}\xrightarrow[r_3-4r_1]{r_2-r_1}\begin{pmatrix} 1 & 1 & 2 & -1 \\ 0 & 1 & -3 & 4 \\ 0 & 1 & -3 & 4 \end{pmatrix}$$

$$\xrightarrow{r_3-r_2}\begin{pmatrix}1 & 1 & 2 & -1\\0 & 1 & -3 & 4\\0 & 0 & 0 & 0\end{pmatrix}\xrightarrow{r_1-r_2}\begin{pmatrix}1 & 0 & 5 & -5\\0 & 1 & -3 & 4\\0 & 0 & 0 & 0\end{pmatrix}$$

由此可得
$$r(\boldsymbol{A})=2<4=n.$$

所以，原齐次线性方程组的基础解系存在，而且由两个线性无关的解向量构成，与原方程组同解的方程组为

$$\begin{cases}x_1+5x_3-5x_4=0\\x_2-3x_3+4x_4=0\end{cases},$$

即

$$\begin{cases}x_1=-5x_3+5x_4\\x_2=3x_3-4x_4\end{cases}.$$

令 $\begin{pmatrix}x_3\\x_4\end{pmatrix}=\begin{pmatrix}1\\0\end{pmatrix},\begin{pmatrix}0\\1\end{pmatrix}$得原方程组相应的解向量分别为

$$\boldsymbol{\eta}_1=\begin{pmatrix}-5\\3\\1\\0\end{pmatrix},\quad \boldsymbol{\eta}_2=\begin{pmatrix}5\\-4\\0\\1\end{pmatrix},$$

即为原方程组的一个基础解系.

所以，原方程组的通解为

$$\boldsymbol{x}=\begin{pmatrix}x_1\\x_2\\x_3\\x_4\end{pmatrix}=k_1\boldsymbol{\eta}_1+k_2\boldsymbol{\eta}_2=k_1\begin{pmatrix}-5\\3\\1\\0\end{pmatrix}+k_2\begin{pmatrix}5\\-4\\0\\1\end{pmatrix},$$

其中，k_1,k_2 为任意常数.

例 2 求齐次线性方程组

$$\begin{cases}x_1+2x_2+x_3-2x_4=0\\-x_1+x_2+2x_3-x_4=0\\x_2+x_3-x_4=0\\x_1+5x_2+4x_3-5x_4=0\end{cases}$$

的一个基础解系与通解.

解 对系数矩阵 $\boldsymbol{A}$ 施行初等变换.

$$\boldsymbol{A}=\begin{pmatrix}1 & 2 & 1 & -2\\-1 & 1 & 2 & -1\\0 & 1 & 1 & -1\\1 & 5 & 4 & -5\end{pmatrix}\xrightarrow[r_4-r_1]{r_2+r_1}\begin{pmatrix}1 & 2 & 1 & -2\\0 & 3 & 3 & -3\\0 & 1 & 1 & -1\\0 & 3 & 3 & -3\end{pmatrix}$$

$$\xrightarrow{r_2 \leftrightarrow r_3}\begin{pmatrix}1&2&1&-2\\0&1&1&-1\\0&3&3&-3\\0&3&3&-3\end{pmatrix}\xrightarrow[r_4-3r_2]{r_3-3r_2}\begin{pmatrix}1&2&1&-2\\0&1&1&-1\\0&0&0&0\\0&0&0&0\end{pmatrix}$$

$$\xrightarrow{r_1-2r_2}\begin{pmatrix}1&0&-1&0\\0&1&1&-1\\0&0&0&0\\0&0&0&0\end{pmatrix}$$

由此可得
$$r(\boldsymbol{A})=2<4=n,$$
所以,原齐次线性方程组的基础解系存在,而且由两个线性无关的解向量构成,与原方程组同解的方程组为

$$\begin{cases}x_1-x_3=0\\x_2+x_3-x_4=0\end{cases},$$

即

$$\begin{cases}x_1=x_3\\x_2=-x_3+x_4\end{cases}.$$

令 $\begin{pmatrix}x_3\\x_4\end{pmatrix}=\begin{pmatrix}1\\0\end{pmatrix},\begin{pmatrix}0\\1\end{pmatrix}$得原方程组相应的解向量分别为

$$\boldsymbol{\eta}_1=\begin{pmatrix}1\\-1\\1\\0\end{pmatrix},\quad \boldsymbol{\eta}_2=\begin{pmatrix}0\\1\\0\\1\end{pmatrix},$$

即为原方程组的一个基础解系.

所以,原方程组的通解为

$$\boldsymbol{x}=\begin{pmatrix}x_1\\x_2\\x_3\\x_4\end{pmatrix}=k_1\boldsymbol{\eta}_1+k_2\boldsymbol{\eta}_2=k_1\begin{pmatrix}1\\-1\\1\\0\end{pmatrix}+k_2\begin{pmatrix}0\\1\\0\\1\end{pmatrix},$$

其中,k_1,k_2 为任意常数.

4.3.2 非齐次线性方程组解的结构

n 元非齐次线性方程组(4-1)的矩阵形式为

$$\boldsymbol{AX}=\boldsymbol{B},$$

其中

$$A=\begin{pmatrix} a_{11} & a_{12} & \cdots & a_{1n} \\ a_{21} & a_{22} & \cdots & a_{2n} \\ \vdots & \vdots & & \vdots \\ a_{m1} & a_{m2} & \cdots & a_{mn} \end{pmatrix},\quad X=\begin{pmatrix} x_1 \\ x_2 \\ \vdots \\ x_n \end{pmatrix},\quad B=\begin{pmatrix} b_1 \\ b_2 \\ \vdots \\ b_m \end{pmatrix}.$$

若 $\boldsymbol{B}$ 中 $b_1=b_2=\cdots=b_m=0$，得到对应的齐次线性方程组

$$\boldsymbol{AX}=\boldsymbol{O}.$$

n 元非齐次线性方程组(4-1)与其对应的齐次线性方程组的解之间有下列性质：

性质 4.3　如果 $\boldsymbol{\xi}_1,\boldsymbol{\xi}_2$ 是非齐次线性方程组(4-1)的两个解，则 $\boldsymbol{\xi}_1-\boldsymbol{\xi}_2$ 是与其对应的齐次线性方程组 $\boldsymbol{AX}=\boldsymbol{O}$ 的解.

证明　因为 $\boldsymbol{A\xi}_1=\boldsymbol{B},\boldsymbol{A\xi}_2=\boldsymbol{B}$，所以

$$\boldsymbol{A}(\boldsymbol{\xi}_1-\boldsymbol{\xi}_2)=\boldsymbol{A\xi}_1-\boldsymbol{A\xi}_2=\boldsymbol{B}-\boldsymbol{B}=\boldsymbol{O},$$

即 $\boldsymbol{\xi}_1-\boldsymbol{\xi}_2$ 是非齐次线性方程组(4-1)对应的齐次线性方程组的解.

性质 4.4　如果 $\boldsymbol{\xi}$ 是非齐次线性方程组(4-1)的一个解，$\boldsymbol{\eta}$ 是与其对应的齐次线性方程组 $\boldsymbol{AX}=\boldsymbol{O}$ 的解，则 $\boldsymbol{\xi}+\boldsymbol{\eta}$ 仍是非齐次线性方程组(4-1)的解.

证明　因为 $\boldsymbol{\xi}$ 是非齐次线性方程组的一个解，所以 $\boldsymbol{A\xi}=\boldsymbol{B}$，同理 $\boldsymbol{A\eta}=\boldsymbol{O}$，则有

$$\boldsymbol{A}(\boldsymbol{\xi}+\boldsymbol{\eta})=\boldsymbol{A\xi}+\boldsymbol{A\eta}=\boldsymbol{B}+\boldsymbol{O}=\boldsymbol{B},$$

所以 $\boldsymbol{\xi}+\boldsymbol{\eta}$ 仍是非齐次线性方程组的解.

由性质 4.3、性质 4.4 可得定理 4.5：

定理 4.5　如果 $\boldsymbol{\xi}^*$ 是非齐次线性方程组的一个解，$\boldsymbol{\eta}$ 是与其对应的齐次线性方程组的全部解，则 $\boldsymbol{\xi}^*+\boldsymbol{\eta}$ 是非齐次线性方程组的全部解.

如果非齐次线性方程组有解，则只找到它的一个解 $\boldsymbol{\xi}^*$，这个解称为非齐次线性方程组的特解，并求出对应的齐次线性方程组的基础解系 $\boldsymbol{\eta}_1,\boldsymbol{\eta}_2,\cdots,\boldsymbol{\eta}_{n-r}$，则其全部解可以表示为

$$\boldsymbol{\xi}^*+k_1\boldsymbol{\eta}_1+k_2\boldsymbol{\eta}_2+\cdots+k_{n-r}\boldsymbol{\eta}_{n-r},$$

称为非齐次线性方程组的通解.

下面举例说明非齐次线性方程组 $\boldsymbol{AX}=\boldsymbol{B}$ 的通解的求法.

例 3　用基础解系表示非齐次线性方程组的全部解.

(1) $\begin{cases} x_1+3x_2-x_3-2x_4=2 \\ 2x_1+3x_2+4x_3-5x_4=5 \\ x_1+5x_3-3x_4=3 \end{cases}$；　(2) $\begin{cases} x_1-x_2+x_3-x_4+x_5=1 \\ 2x_1-2x_2+3x_3+4x_4+5x_5=4 \\ 3x_1-3x_2+4x_3+3x_4+6x_5=5 \\ x_1-x_2+2x_3+5x_4+4x_5=3 \end{cases}$.

解　(1)对增广矩阵 $\widetilde{\boldsymbol{A}}$ 施行初等变换.

$$\widetilde{\boldsymbol{A}}=\begin{pmatrix}1&3&-1&-2&2\\2&3&4&-5&5\\1&0&5&-3&3\end{pmatrix}\xrightarrow[r_3-r_1]{r_2-2r_1}\begin{pmatrix}1&3&-1&-2&2\\0&-3&6&-1&1\\0&-3&6&-1&1\end{pmatrix}$$

$$\xrightarrow[r_3-r_2]{r_1+r_2}\begin{pmatrix}1&0&5&-3&3\\0&-3&6&-1&1\\0&0&0&0&0\end{pmatrix}\xrightarrow{-\frac{1}{3}r_2}\begin{pmatrix}1&0&5&-3&3\\0&1&-2&\frac{1}{3}&-\frac{1}{3}\\0&0&0&0&0\end{pmatrix}$$

由此可得
$$r(\boldsymbol{A})=r(\widetilde{\boldsymbol{A}})=2<n,$$
所以,原方程组有无穷多组解,与原方程组同解的方程组为

$$\begin{cases}x_1=-5x_3+3x_4+3\\x_2=2x_3-\frac{1}{3}x_4-\frac{1}{3}\cdot\end{cases}$$

令$\begin{pmatrix}x_3\\x_4\end{pmatrix}=\begin{pmatrix}0\\0\end{pmatrix}$,得原非齐次线性方程组的一个特解为

$$\boldsymbol{\xi}^*=\begin{pmatrix}3\\-\frac{1}{3}\\0\\0\end{pmatrix}.$$

令 $\begin{pmatrix}x_3\\x_4\end{pmatrix}=\begin{pmatrix}1\\0\end{pmatrix},\begin{pmatrix}0\\1\end{pmatrix}$得原方程组的一个基础解系

$$\boldsymbol{\eta}_1=\begin{pmatrix}-2\\\frac{5}{3}\\1\\0\end{pmatrix},\quad \boldsymbol{\eta}_2=\begin{pmatrix}6\\-\frac{2}{3}\\0\\1\end{pmatrix},$$

所以,原非齐次线性方程组的通解为

$$\boldsymbol{x}=\begin{pmatrix}x_1\\x_2\\x_3\\x_4\end{pmatrix}=\boldsymbol{\xi}^*+k_1\boldsymbol{\eta}_1+k_2\boldsymbol{\eta}_2=\begin{pmatrix}3\\-\frac{1}{3}\\0\\0\end{pmatrix}+k_1\begin{pmatrix}-2\\\frac{5}{3}\\1\\0\end{pmatrix}+k_2\begin{pmatrix}6\\-\frac{2}{3}\\0\\1\end{pmatrix},$$

其中,k_1,k_2 为任意常数.

(2)对增广矩阵 $\widetilde{\boldsymbol{A}}$ 施行初等变换.

$$\widetilde{\mathbf{A}}=\begin{pmatrix}1 & -1 & 1 & -1 & 1 & 1\\ 2 & -2 & 3 & 4 & 5 & 4\\ 3 & -3 & 4 & 3 & 6 & 5\\ 1 & -1 & 2 & 5 & 4 & 3\end{pmatrix}\xrightarrow[r_4-r_1]{\substack{r_2-2r_1\\ r_3-3r_1}}\begin{pmatrix}1 & -1 & 1 & -1 & 1 & 1\\ 0 & 0 & 1 & 6 & 3 & 2\\ 0 & 0 & 1 & 6 & 3 & 2\\ 0 & 0 & 1 & 6 & 3 & 2\end{pmatrix}$$

$$\xrightarrow[r_4-r_2]{\substack{r_1-r_2\\ r_3-r_2}}\begin{pmatrix}1 & -1 & 0 & -7 & -2 & -1\\ 0 & 0 & 1 & 6 & 3 & 2\\ 0 & 0 & 0 & 0 & 0 & 0\\ 0 & 0 & 0 & 0 & 0 & 0\end{pmatrix},$$

由此可得
$$r(\mathbf{A})=r(\widetilde{\mathbf{A}})=2<n,$$
所以，原方程组有无穷多组解，与原方程组同解的方程组为

$$\begin{cases}x_1=x_2+7x_4+2x_5-1\\ x_3=-6x_4-3x_5+2\end{cases}.$$

令 $\begin{pmatrix}x_2\\ x_4\\ x_5\end{pmatrix}=\begin{pmatrix}0\\ 0\\ 0\end{pmatrix}$，得原非齐次线性方程组的一个特解为

$$\boldsymbol{\xi}^*=\begin{pmatrix}-1\\ 0\\ 2\\ 0\\ 0\end{pmatrix}.$$

令 $\begin{pmatrix}x_2\\ x_4\\ x_5\end{pmatrix}=\begin{pmatrix}1\\ 0\\ 0\end{pmatrix},\begin{pmatrix}0\\ 1\\ 0\end{pmatrix},\begin{pmatrix}0\\ 0\\ 1\end{pmatrix}$ 得原方程组的一个基础解系

$$\boldsymbol{\eta}_1=\begin{pmatrix}0\\ 1\\ 2\\ 0\\ 0\end{pmatrix},\quad \boldsymbol{\eta}_2=\begin{pmatrix}6\\ 0\\ -4\\ 1\\ 0\end{pmatrix},\quad \boldsymbol{\eta}_3=\begin{pmatrix}1\\ 0\\ -1\\ 0\\ 1\end{pmatrix}.$$

所以，原非齐次线性方程组的通解为

$$\boldsymbol{x}=\begin{pmatrix}x_1\\ x_2\\ x_3\\ x_4\\ x_5\end{pmatrix}=\boldsymbol{\xi}^*+k_1\boldsymbol{\eta}_1+k_2\boldsymbol{\eta}_2+k_3\boldsymbol{\eta}_3$$

$$=\begin{pmatrix}-1\\0\\2\\0\\0\end{pmatrix}+k_1\begin{pmatrix}0\\1\\2\\0\\0\end{pmatrix}+k_2\begin{pmatrix}6\\0\\-4\\1\\0\end{pmatrix}+k_3\begin{pmatrix}1\\0\\-1\\0\\1\end{pmatrix},$$

其中,k_1,k_2,k_3 为任意常数.

思考题:如何求非齐次线性方程组的通解?

习 题 4

1. 求解下列线性方程组.

(1) $\begin{cases}2x_1+x_2+x_3=4\\x_1+2x_2-x_3=3\\x_1-x_2+2x_3=6\end{cases}$;

(2) $\begin{cases}x_1-2x_2+2x_3=-1\\3x_1+2x_2+2x_3=9\\2x_1-3x_2-3x_3=6\end{cases}$;

(3) $\begin{cases}x_1+2x_2-x_3=2\\2x_1-x_2+8x_3=-1\\3x_1+x_2+7x_3=1\end{cases}$;

(4) $\begin{cases}x_1+x_2+2x_3+3x_4=1\\2x_1+3x_2+5x_3+2x_4=-3\\3x_1-3x_2+x_3+x_4=1\\2x_1+x_2-x_3+2x_4=-1\end{cases}$.

2. 判定下列线性方程组是否有解及有解时解的个数.

(1) $\begin{cases}x_1+2x_2+3x_3=1\\2x_1+2x_2+5x_3=2\\3x_1+5x_2+x_3=3\end{cases}$;

(2) $\begin{cases}x_1+x_2-x_3+x_4=2\\x_1+2x_2+3x_3+3x_4=7\\2x_1+3x_2+2x_3+4x_4=9\end{cases}$;

(3) $\begin{cases}x_1-x_2+x_3+x_4=0\\2x_1+x_2-x_3+4x_4=0\\3x_1-x_2+3x_3-x_4=0\end{cases}$;

(4) $\begin{cases}x_1+x_2=0\\x_1+2x_2+x_3=0\\x_2+2x_3=0\end{cases}$.

3. 当 λ 取何值时,齐次线性方程组 $\begin{cases}\lambda x_1+x_2+x_3=0\\x_1+\lambda x_2+x_3=0\\x_1+x_2+x_3=0\end{cases}$ 有非零解?

4. 试证:若 n 元齐次线性方程组(7-2)的方程个数小于未知数的个数,即 $m<n$,则它必有非零解.

5. 解下列齐次线性方程组.

(1) $\begin{cases}x_1+x_2+5x_3=0\\x_1-x_2+3x_3=0\\2x_1+8x_3=0\end{cases}$;

(2) $\begin{cases}x_1+4x_2-x_3+x_4=0\\3x_1-x_2+2x_3-x_4=0\\5x_1+7x_2+x_4=0\end{cases}$.

6. 解下列非齐次线性方程组.

(1) $\begin{cases} x_1+x_2+2x_3-2x_4=1 \\ x_1+2x_2-3x_3+2x_4=3 \\ 3x_1+4x_2+x_3-2x_4=5 \\ 4x_1+5x_2+3x_3-4x_4=6 \end{cases}$；　　(2) $\begin{cases} 2x_1+3x_2+x_3-4x_4=-1 \\ x_1+4x_2-2x_3+3x_4=2 \\ x_1-x_2+3x_3-7x_4=-3 \\ 2x_1+3x_2+x_3-4x_4=-1 \end{cases}$.

本章小结

1. 消元法解线性方程组：用消元法解线性方程组，首先对线性方程组的增广矩阵 $\widetilde{\mathbf{A}}$ 施行初等行变换，将 $\widetilde{\mathbf{A}}$ 转化成阶梯形矩阵. 阶梯形矩阵对应的方程组与原方程组同解. 阶梯形矩阵的对应的方程组能清晰地反映原方程组的属性，如独立方程的个数、自由未知数的个数等. 由阶梯形矩阵很容易判断线性方程组解的情况，并求出解.

2. 线性方程组解的判定：线性方程组解的判定问题从本质上说是由系数矩阵、增广矩阵的秩[$r(\mathbf{A})$ 和 $r(\widetilde{\mathbf{A}})$]以及未知数的个数这三个量决定的. 当 $r(\mathbf{A})-r(\widetilde{\mathbf{A}})$ 时，线性方程组有解；当 $r(\mathbf{A})\neq r(\widetilde{\mathbf{A}})$ 时，线性方程组无解. 且有当 $r(\mathbf{A})=r(\widetilde{\mathbf{A}})=n$ 时，线性方程组有唯一解；当 $r(\mathbf{A})=r(\widetilde{\mathbf{A}})<n$ 时，线性方程组有无穷多解.

3. 线性方程组解的结构：线性方程组解的结构问题是针对线性方程组由无穷多解的情况下，通解的表示问题.

对于齐次线性方程组，当 $r(\mathbf{A})<n$ 时，有无穷多解. 这无穷多解中有且只有 $n-r$ 个线性无关的解向量，其中每 $n-r$ 个线性无关的解向量就是齐次线性方程组的一个基础解系，其通解可由这 $n-r$ 个线性无关的解向量线性表示. 齐次线性方程组的基础解系是通过对系数矩阵 $\mathbf{A}$ 施行初等行变换转化成最简行阶梯形矩阵得到的. 具体步骤如下：

(1) 写出系数矩阵 $\mathbf{A}$，对 $\mathbf{A}$ 施行初等行变换转化成阶梯形矩阵；

(2) 当 $r(\mathbf{A})<n$ 时，把阶梯形矩阵中每行不是首非零行所在的列对应的未知数作为自由未知量，共 $n-r$ 个；

(3) 分别令其中一个自由未知量取 1，其余取零，并把这 $n-r$ 个组数代入阶梯形矩阵对应的方程组，求得 $n-r$ 个解向量 $\boldsymbol{\eta}_1,\boldsymbol{\eta}_2,\cdots,\boldsymbol{\eta}_{n-r}$，这 $n-r$ 个解向量就是齐次线性方程组的一个基础解系；

(4) 所求通解为

$$\boldsymbol{\eta}=k_1\boldsymbol{\eta}_1+k_2\boldsymbol{\eta}_2+\cdots+k_{n-r}\boldsymbol{\eta}_{n-r} \quad (k_1,k_2,\cdots,k_{n-r}\text{为任意实数}).$$

求非齐次线性方程组的通解步骤如下：

(1) 写出增广矩阵 $\widetilde{\mathbf{A}}$，对 $\widetilde{\mathbf{A}}$ 施行初等行变换转化成阶梯形矩阵；

(2) 当 $r(\mathbf{A})=r(\widetilde{\mathbf{A}})<n$ 时，把行阶梯形矩阵中每行不是首非零行所在的列对应

的未知数作为自由未知量，共 $n-r$ 个；

(3)令所有自由未知量为零，找到非齐次线性方程组的特解 $\boldsymbol{\xi}^*$；

(4)分别令其中一个自由未知量取1，其余取零，并把这 $n-r$ 个组数代入阶梯形矩阵对应的方程组，求得对应的齐次线性方程组的一个基础解系；

(5)所求通解为

$$\boldsymbol{\eta}=\boldsymbol{\xi}^*+k_1\boldsymbol{\eta}_1+k_2\boldsymbol{\eta}_2+\cdots+k_{n-r}\boldsymbol{\eta}_{n-r}\quad(k_1,k_2,\cdots,k_{n-r}\text{为任意实数}).$$

测试题 4

一、填空题

1. 齐次线性方程组 $\begin{cases}(k-1)x_1+kx_2=0\\2x_1+(k+2)x_2=0\end{cases}$ (k 为实数)，当 $k=$________时，有非零解.

2. 三元齐次线性方程组 $\begin{cases}x_1+x_2=0\\x_2+x_3=0\end{cases}$ 的基础解系中所含解向量的个数为________个.

3. 如果 $\boldsymbol{\xi}$ 是非齐次线性方程组的一个解，$\boldsymbol{\eta}$ 是与其对应的齐次线性方程组 $\boldsymbol{AX}=\boldsymbol{O}$ 的解，则________是非齐次线性方程组的解.

4. 如果 $\boldsymbol{\xi}_1,\boldsymbol{\xi}_2$ 是非齐次线性方程组的两个解，则________是与其对应的齐次线性方程组的解.

5. 线性方程组 $x_1+x_2+x_3+x_4=0$ 的基础解系中所含解向量的个数为________个.

6. 当 $\boldsymbol{A}$ 为6阶方阵，$r(\boldsymbol{A})=4$，则齐次线性方程组 $\boldsymbol{AX}=\boldsymbol{O}$ 的一个基础解系中所含解向量的个数为______个.

7. 如果 $\boldsymbol{\xi}$ 是非齐次线性方程组的一个解，$\boldsymbol{\eta}_1,\boldsymbol{\eta}_2$ 是与其对应的齐次线性方程组 $\boldsymbol{AX}=\boldsymbol{O}$ 的基础解系，则________是非齐次线性方程组的通解.

二、选择题

1. 设非齐次线性方程组 $\boldsymbol{AX}=\boldsymbol{B}$ 中，系数矩阵 $\boldsymbol{A}$ 为 $m\times n$ 矩阵，且 $r(\boldsymbol{A})=r$，则(　　).

A. 当 $r=m$ 时，方程组 $\boldsymbol{AX}=\boldsymbol{B}$ 有解

B. 当 $r=n$ 时，方程组 $\boldsymbol{AX}=\boldsymbol{B}$ 有唯一解

C. 当 $r<n$ 时，方程组 $\boldsymbol{AX}=\boldsymbol{B}$ 有无穷多解

D. 当 $m=n$ 时，方程组 $\boldsymbol{AX}=\boldsymbol{B}$ 有唯一解

2. 与线性方程组 $\boldsymbol{AX}=\boldsymbol{B}$ 对应的齐次线性方程组是 $\boldsymbol{AX}=\boldsymbol{O}$，则(　　).

A. $\boldsymbol{AX}=\boldsymbol{O}$ 只有零解时，$\boldsymbol{AX}=\boldsymbol{B}$ 有唯一解

B. $\boldsymbol{AX}=\boldsymbol{O}$ 有非零解时，$\boldsymbol{AX}=\boldsymbol{B}$ 有无穷多解

C. $\boldsymbol{v}$ 是 $\boldsymbol{AX}=\boldsymbol{O}$ 的通解，$\boldsymbol{\xi}^*$ $\boldsymbol{AX}=\boldsymbol{B}$ 的特解时，$\boldsymbol{v}+\boldsymbol{\xi}^*$ 是 $\boldsymbol{AX}=\boldsymbol{B}$ 的通解

D. $\boldsymbol{\eta}_1,\boldsymbol{\eta}_2$ 是 $\boldsymbol{AX}=\boldsymbol{B}$ 的解时，$\boldsymbol{\eta}_1-\boldsymbol{\eta}_2$ 是 $\boldsymbol{AX}=\boldsymbol{O}$ 的解

3. 关于 n 元齐次线性方程组 $\boldsymbol{AX}=\boldsymbol{O}$ 的基础解系，下列说法不正确的是(　　).

A. 若 $r(\boldsymbol{A})=r<n$，则 $\boldsymbol{AX}=\boldsymbol{O}$ 的基础解系含有 $n-r$ 个解向量

B. $\boldsymbol{AX}=\boldsymbol{O}$ 的基础解系中的解向量线性无关

C. $\boldsymbol{AX}=\boldsymbol{O}$ 的基础解系中的解向量能够表示出 $\boldsymbol{AX}=\boldsymbol{O}$ 的全部解

D. n 元齐次线性方程组 $\boldsymbol{AX}=\boldsymbol{O}$ 在任何情况下都存在基础解系

4. 设矩阵 $\boldsymbol{A}$ 为 $m\times n$ 矩阵，齐次线性方程组 $\boldsymbol{AX}=\boldsymbol{O}$ 仅有零解的充分必要条件是(　　).

A. $\boldsymbol{A}$ 的行向量组线性无关　　B. $\boldsymbol{A}$ 的行向量组线性相关

C. $\boldsymbol{A}$ 的列向量组线性无关　　D. $\boldsymbol{A}$ 的列向量组线性相关

5. 若非齐次线性方程组 $\boldsymbol{AX}=\boldsymbol{B}$ 方程个数少于未知数的个数，则(　　).

A. $\boldsymbol{AX}=\boldsymbol{B}$ 必有唯一解　　B. $\boldsymbol{AX}=\boldsymbol{O}$ 必有非零解

C. $\boldsymbol{AX}=\boldsymbol{O}$ 仅有零解　　D. $\boldsymbol{AX}=\boldsymbol{O}$ 一定无解

6. 设 $\boldsymbol{\eta}_1,\boldsymbol{\eta}_2,\boldsymbol{\eta}_3$ 是齐次线性方程组 $\boldsymbol{AX}=\boldsymbol{O}$ 的基础解系，则下列(　　)不是 $\boldsymbol{AX}=\boldsymbol{O}$ 的基础解系.

A. $\boldsymbol{\eta}_1+\boldsymbol{\eta}_2,\boldsymbol{\eta}_2+\boldsymbol{\eta}_3,\boldsymbol{\eta}_3+\boldsymbol{\eta}_1$　　B. $\boldsymbol{\eta}_1+2\boldsymbol{\eta}_2,\boldsymbol{\eta}_2+2\boldsymbol{\eta}_3,\boldsymbol{\eta}_3+2\boldsymbol{\eta}_1$

C. $\boldsymbol{\eta}_1,\boldsymbol{\eta}_1+\boldsymbol{\eta}_2,\boldsymbol{\eta}_1+\boldsymbol{\eta}_2+\boldsymbol{\eta}_3$　　D. $\boldsymbol{\eta}_1-\boldsymbol{\eta}_2,\boldsymbol{\eta}_2-\boldsymbol{\eta}_3,\boldsymbol{\eta}_3-\boldsymbol{\eta}_1$

三、用基础解系表示下列方程组的解.

(1) $\begin{cases}x_1+2x_2+x_3-x_4=0\\2x_1+5x_2+3x_3+2x_4=0\\4x_1+9x_2+5x_3=0\end{cases}$；　(2) $\begin{cases}x_1+2x_2+2x_3-x_4=0\\2x_1+5x_2+2x_3+2x_4=0\\5x_1+11x_2+8x_3-x_4=0\end{cases}$；

(3) $\begin{cases}2x_1+3x_2-x_3+2x_4=0\\x_1+3x_2+4x_3+5x_4=0\\5x_1+9x_2+2x_3+9x_4=0\\x_1+5x_3-3x_4=0\end{cases}$；　(4) $\begin{cases}x_1+5x_2-2x_3+5x_4=0\\x_1-2x_2+4x_3+8x_4=0\\2x_1+3x_2+2x_3+13x_4=0\\-x_1-12x_2+8x_3-2x_4=0\end{cases}$；

(5) $\begin{cases}x_1+3x_2-3x_3+x_4=4\\x_1+x_2+3x_3+3x_4=2\\3x_1+7x_2-3x_3+5x_4=10\end{cases}$；　(6) $\begin{cases}x_1+5x_2-2x_3+5x_4=1\\x_1-2x_2+4x_3+8x_4=3\\2x_1+3x_2+2x_3+13x_4=4\\-x_1-12x_2+8x_3-2x_4=1\end{cases}$.

四、简答题

λ 为何值时，线性方程组

$$\begin{cases}-2x_1+x_2+x_3=-2\\x_1-2x_2+x_3=\lambda\\x_1+x_2-2x_3=\lambda^2\end{cases}$$

无解？有唯一解？有无穷多解？

第 5 章

相似矩阵

学习目标：

(1)理解并掌握特征值与特征向量的概念、性质及计算；

(2)理解相似矩阵的定义，讨论矩阵是否相似对角化问题；

(3)在内积与正交矩阵的基础上，讨论实对称矩阵的正交相似对角化问题.

5.1 矩阵的特征值与特征向量

5.1.1 矩阵的特征值与特征向量的定义

定义 5.1 设 $\boldsymbol{A}$ 是一个 n 阶矩阵，若存在数 λ 及 n 维非零列向量 $\boldsymbol{\alpha}=(a_1,\cdots,a_n)^{\mathrm{T}}$，使得

$$\boldsymbol{A\alpha}=\lambda\boldsymbol{\alpha} \tag{5-1}$$

则称 λ 为矩阵 $\boldsymbol{A}$ 的一个特征值，称非零列向量 $\boldsymbol{\alpha}$ 为 $\boldsymbol{A}$ 的对应于(或属于)特征值 λ 的特征向量.

将式(5-1)改成

$$(\lambda\boldsymbol{E}-\boldsymbol{A})\boldsymbol{\alpha}=\boldsymbol{0}, \tag{5-2}$$

即 n 元齐次线性方程组

$$\begin{cases}(\lambda-a_{11})x_1-a_{12}x_2-\cdots-a_{1n}x_n=0\\ -a_{21}x_1+(\lambda-a_{22})x_2-\cdots-a_{2n}x_n=0\\ \cdots\cdots\\ -a_{n1}x_1-a_{n2}x_2-\cdots+(\lambda-a_{nn})x_n=0\end{cases}, \tag{5-3}$$

特征向量 $\boldsymbol{\alpha}$ 是它的非零解，故由 n 元齐次线性方程组有非零解的充要条件，知

$$\begin{vmatrix}\lambda-a_{11} & -a_{12} & \cdots & -a_{1n}\\ -a_{21} & \lambda-a_{22} & \cdots & -a_{2n}\\ \vdots & \vdots & & \vdots\\ -a_{n1} & -a_{n2} & \cdots & \lambda-a_{nn}\end{vmatrix}=0 \tag{5-4}$$

或
$$|\lambda \boldsymbol{E}-\boldsymbol{A}|=0. \tag{5-5}$$

定义 5.2 称关于 λ 的一元 n 次齐次线性方程组(5-2)或(5-3)为矩阵 $\boldsymbol{A}$ 的特征方程;称一元 n 次多项式 $f(\lambda)=|\lambda \boldsymbol{E}-\boldsymbol{A}|$ 为 $\boldsymbol{A}$ 的特征多项式.

根据定义 5.1,$\boldsymbol{A}$ 的对应于特征值 λ_i 的特征向量是齐次线性方程组
$$(\lambda_i \boldsymbol{E}-\boldsymbol{A})\boldsymbol{x}=\boldsymbol{0} \tag{5-6}$$
的非零解.因此,可以通过求方程组(5-6)的基础解系来找到对应于 λ_i 的全部特征向量.

求 n 阶矩阵 $\boldsymbol{A}$ 的特征值与特征向量的一般步骤:

(1)求出特征方程 $|\lambda \boldsymbol{E}-\boldsymbol{A}|=0$ 的全部根 $\lambda_1,\lambda_2,\cdots,\lambda_n$,则 $\lambda_1,\lambda_2,\cdots,\lambda_n$ 就是 $\boldsymbol{A}$ 的全部特征值;

(2)对于 $\boldsymbol{A}$ 的特征值 λ_i,求出齐次线性方程组 $(\lambda_i \boldsymbol{E}-\boldsymbol{A})\boldsymbol{x}=\boldsymbol{0}$ 的基础解系
$$\boldsymbol{\xi}_{i1},\quad \boldsymbol{\xi}_{i2},\quad \cdots,\quad \boldsymbol{\xi}_{ik_i},$$
则 $\boldsymbol{A}$ 的属于特征值 λ_i 的全部特征向量为
$$\boldsymbol{x}=c_1\boldsymbol{\xi}_{i1}+c_2\boldsymbol{\xi}_{i2}+\cdots+c_{k_i}\boldsymbol{\xi}_{ik_i},$$
其中,$c_1,c_2,\cdots,c_{k_i}$ 是不全为零的任意常数.

例 1 求矩阵 $\boldsymbol{A}=\begin{pmatrix}3 & -2\\ -2 & 3\end{pmatrix}$ 的特征值与特征向量.

解 $\boldsymbol{A}$ 的特征多项式为
$$|\lambda \boldsymbol{E}-\boldsymbol{A}|=\begin{vmatrix}\lambda-3 & 2\\ 2 & \lambda-3\end{vmatrix}=(\lambda-3)^2-4=(\lambda-1)(\lambda-5),$$
所以 $\boldsymbol{A}$ 的特征值为 $\lambda_1=1,\lambda_2=5$.

当 $\lambda_1=1$ 时,解方程 $(\boldsymbol{E}-\boldsymbol{A})\boldsymbol{X}=\boldsymbol{0}$,即
$$\begin{pmatrix}-2 & 2\\ 2 & -2\end{pmatrix}\begin{pmatrix}x_1\\ x_2\end{pmatrix}=\begin{pmatrix}0\\ 0\end{pmatrix},$$
得到它的一个基础解系
$$\boldsymbol{\alpha}_1=\begin{pmatrix}1\\ 1\end{pmatrix},$$
所以 $k_1\boldsymbol{\alpha}_1(k_1\neq 0)$ 是对应特征值 $\lambda_1=1$ 的全部特征向量.

当 $\lambda_2=5$ 时,解方程 $(5\boldsymbol{E}-\boldsymbol{A})\boldsymbol{X}=\boldsymbol{0}$,即
$$\begin{pmatrix}2 & 2\\ 2 & 2\end{pmatrix}\begin{pmatrix}x_1\\ x_2\end{pmatrix}=\begin{pmatrix}0\\ 0\end{pmatrix},$$
得到它的一个基础解系
$$\boldsymbol{\alpha}_2=\begin{pmatrix}1\\ -1\end{pmatrix},$$

所以 $k_2\boldsymbol{\alpha}_2(k_2\neq 0)$是对应特征值 $\lambda_2=5$ 的全部特征向量.

例 2 设矩阵 $\boldsymbol{A}=\begin{pmatrix}0&1&-1\\1&0&-1\\-1&-1&0\end{pmatrix}$,求 $\boldsymbol{A}$ 的特征值和特征向量.

解 $|\lambda\boldsymbol{E}-\boldsymbol{A}|=\begin{vmatrix}\lambda&-1&1\\-1&\lambda&1\\1&1&\lambda\end{vmatrix}=(\lambda-2)(\lambda+1)^2$,

所以 $\boldsymbol{A}$ 的特征值为 $\lambda_1=2,\lambda_2=\lambda_3=-1$.

当 $\lambda_1=2$ 时,解方程$(2\boldsymbol{E}-\boldsymbol{A})\boldsymbol{X}=\boldsymbol{0}$,即

$$\begin{pmatrix}2&-1&1\\-1&2&1\\1&1&2\end{pmatrix}\begin{pmatrix}x_1\\x_2\\x_3\end{pmatrix}=\begin{pmatrix}0\\0\\0\end{pmatrix},$$

得到它的一个基础解系

$$\boldsymbol{\alpha}_1=\begin{pmatrix}1\\1\\-1\end{pmatrix},$$

所以 $k_1\boldsymbol{\alpha}_1(k_1\neq 0)$是对应特征值 $\lambda_1=2$ 的全部特征向量.

当 $\lambda_2=\lambda_3=-1$ 时,解方程$(-\boldsymbol{E}-\boldsymbol{A})\boldsymbol{X}=0$,即

$$\begin{pmatrix}-1&-1&1\\-1&-1&1\\1&1&-1\end{pmatrix}\begin{pmatrix}x_1\\x_2\\x_3\end{pmatrix}=\begin{pmatrix}0\\0\\0\end{pmatrix}$$

得到它的一个基础解系

$$\boldsymbol{\alpha}_2=\begin{pmatrix}1\\0\\1\end{pmatrix},\quad \boldsymbol{\alpha}_3=\begin{pmatrix}-1\\1\\0\end{pmatrix},$$

所以 $k_2\boldsymbol{\alpha}_2+k_3\boldsymbol{\alpha}_3(k_2\neq 0,k_3\neq 0)$是对应特征值 $\lambda_2=\lambda_3=-1$ 的全部特征向量.

5.1.2 矩阵特征值与特征向量的性质

性质 5.1 设 n 阶矩阵 $\boldsymbol{A}$ 的全部特征值为 $\lambda_1,\lambda_2,\cdots,\lambda_n$,则有

(1)$\lambda_1+\lambda_2+\cdots+\lambda_n=a_{11}+a_{22}+\cdots+a_{nn}$;

(2)$\lambda_1\lambda_2\cdots\lambda_n=|\boldsymbol{A}|$.

定义 5.3 矩阵 $\boldsymbol{A}$ 的主对角线上的元素的和,称为矩阵 $\boldsymbol{A}$ 的迹,记为 $\mathrm{tr}(\boldsymbol{A})$.

性质 5.2 设 λ 是 n 阶矩阵 $\boldsymbol{A}$ 的特征值,$\boldsymbol{\alpha}$ 是 $\boldsymbol{A}$ 的对应于 λ 的特征向量,则:

(1)n 阶矩阵 $\boldsymbol{A}$ 和它的转置矩阵 $\boldsymbol{A}^{\mathrm{T}}$ 有相同的特征值;

(2)$r\lambda$ 为 $r\boldsymbol{A}$ 的特征值,其中 r 为任意常数;λ^k 为 $\boldsymbol{A}^k$ 的特征值,其中 k 为任意正整数;

(3)设 $\varphi(\boldsymbol{A})=a_0\boldsymbol{E}+a_1\boldsymbol{A}+\cdots+a_m\boldsymbol{A}^m$ 是矩阵 $\boldsymbol{A}$ 的多项式,$\varphi(\lambda)=a_0+a_1\lambda+\cdots+a_m\lambda^m$ 是 λ 的多项式,则 $\varphi(\lambda)$ 是 $\varphi(\boldsymbol{A})$ 的特征值;

(4)当 $\boldsymbol{A}$ 可逆时,有 $\lambda\neq0$,且 $\dfrac{1}{\lambda}$ 是 $\boldsymbol{A}^{-1}$ 的特征值,$\dfrac{|\boldsymbol{A}|}{\lambda}$ 是 $\boldsymbol{A}^*$ 的特征值.

例 3 设 $\boldsymbol{\alpha}=\begin{pmatrix}1\\0\\-1\end{pmatrix}$,$\boldsymbol{A}=\boldsymbol{\alpha}\boldsymbol{\alpha}^{\mathrm{T}}$,求 $|\boldsymbol{E}-\boldsymbol{A}^n|$.

解 $\boldsymbol{A}^2=2\boldsymbol{A}$,令 $\boldsymbol{AX}=\lambda\boldsymbol{X}$,则 $(\boldsymbol{A}^2-2\boldsymbol{A})\boldsymbol{X}=(\lambda^2-2\lambda)\boldsymbol{X}=\boldsymbol{0}$,注意 $\boldsymbol{X}\neq\boldsymbol{0}$,于是 $\lambda^2-2\lambda=0$,得 $\lambda=0,\lambda=2$. 因为 $\lambda_1+\lambda_2+\lambda_3=\mathrm{tr}(\boldsymbol{A})$,所以 $\lambda_1=\lambda_2=0,\lambda_3=2$,于是 $\boldsymbol{E}-\boldsymbol{A}^n$ 的特征值为 $1,1,1-2^n$,则 $|\boldsymbol{E}-\boldsymbol{A}^n|=1-2^n$.

例 4 已知三阶方阵 $\boldsymbol{A}$ 的全部特征值为 $1,-1,2$,设 $\boldsymbol{B}=\boldsymbol{A}^3-3\boldsymbol{A}^2$,求:

(1)$\boldsymbol{B}$ 的全部特征值;

(2)$|\boldsymbol{B}|$,$|\boldsymbol{A}-3\boldsymbol{E}|$;

(3)$|\boldsymbol{B}^*-\boldsymbol{E}|$,$|\boldsymbol{B}+\boldsymbol{B}^{-1}-\boldsymbol{E}|$.

解 (1)因为 $\boldsymbol{A}$ 的全部特征值为 $1,-1,2$,由性质 5.2(3),得 $\boldsymbol{B}=\boldsymbol{A}^3-3\boldsymbol{A}^2$ 的特征值为 $-2,-4,-4$.

(2)由性质 1(2),得 $|\boldsymbol{B}|=(-2)\times(-4)\times(-4)=-32$.

因为 $\boldsymbol{A}$ 的全部特征值为 $1,-1,2$,由性质 5.2(3),即得 $\boldsymbol{A}-3\boldsymbol{E}$ 的特征值为 $-2,-4,-1$,$|\boldsymbol{A}-3\boldsymbol{E}|=(-2)\times(-4)\times(-1)=8$.

(3)同理,由性质 5.2(4),$\boldsymbol{B}^*-\boldsymbol{E}$ 的特征值是 $16,8,8$,所以

$$|\boldsymbol{B}^*-\boldsymbol{E}|=16\times8\times8=1\,024,$$

$$|\boldsymbol{B}+\boldsymbol{B}^{-1}-\boldsymbol{E}|=\left(-2-\frac{1}{2}-1\right)\times\left(-4-\frac{1}{4}-1\right)\times\left(-4-\frac{1}{4}-1\right)=-\frac{2\,205}{32}.$$

下面讨论特征向量的线性相关性.

定理 5.1 设 $\lambda_1,\lambda_2,\cdots,\lambda_m$ 是矩阵 $\boldsymbol{A}$ 的 m 个特征值,$\boldsymbol{\alpha}_i(i=1,2,\cdots,m)$ 为 $\boldsymbol{A}$ 的对应于特征值 λ_i 的特征向量,如果 $\lambda_1,\lambda_2,\cdots,\lambda_m$ 各不相等,则 $\boldsymbol{\alpha}_1,\boldsymbol{\alpha}_2,\cdots,\boldsymbol{\alpha}_m$ 线性无关,即对应于互不相同特征值的特征向量是线性无关的.

证明 用数学归纳法

当 $m=1$ 时,由于 $\boldsymbol{\alpha}_1\neq0$,故 $\boldsymbol{\alpha}_1$ 线性无关.

设当 $m=k$ 时结论成立,即假设向量组 $\boldsymbol{\alpha}_1,\boldsymbol{\alpha}_2,\cdots,\boldsymbol{\alpha}_k$ 线性无关,要证向量组 $\boldsymbol{\alpha}_1,\boldsymbol{\alpha}_2,\cdots,\boldsymbol{\alpha}_k,\boldsymbol{\alpha}_{k+1}$ 也线性无关. 设有一组数 $c_1,c_2,\cdots,c_k,c_{k+1}$,使得

$$c_1\boldsymbol{\alpha}_1+c_2\boldsymbol{\alpha}_2+\cdots+c_k\boldsymbol{\alpha}_k+c_{k+1}\boldsymbol{\alpha}_{k+1}=\boldsymbol{0}, \tag{5-7}$$

用矩阵 $\boldsymbol{A}$ 左乘上式两端,得

$$c_1\boldsymbol{A\alpha}_1+c_2\boldsymbol{A\alpha}_2+\cdots+c_k\boldsymbol{A\alpha}_k+c_{k+1}\boldsymbol{A\alpha}_{k+1}=\boldsymbol{0}, \tag{5-8}$$

由于 $\boldsymbol{A\alpha}_i=\lambda_i\boldsymbol{\alpha}_i(i=1,2,\cdots,k+1)$，得

$$c_1\lambda_1\boldsymbol{\alpha}_1+c_2\lambda_2\boldsymbol{\alpha}_2+\cdots+c_k\lambda_k\boldsymbol{\alpha}_k+c_{k+1}\lambda_{k+1}\boldsymbol{\alpha}_{k+1}=\boldsymbol{0}, \tag{5-9}$$

用 λ_{k+1} 乘式(5-7)两端后再与式(5-9)相减，得

$$c_1(\lambda_{k+1}-\lambda_1)\boldsymbol{\alpha}_1+c_2(\lambda_{k+1}-\lambda_2)\boldsymbol{\alpha}_2+\cdots+c_k(\lambda_{k+1}-\lambda_k)\boldsymbol{\alpha}_k=\boldsymbol{0}, \tag{5-10}$$

向量组 $\boldsymbol{\alpha}_1,\boldsymbol{\alpha}_2,\cdots,\boldsymbol{\alpha}_k$ 线性无关，从而

$$c_1(\lambda_{k+1}-\lambda_1)=0,c_2(\lambda_{k+1}-\lambda_2)=0,\cdots,c_k(\lambda_{k+1}-\lambda_k)=0.$$

又因为 $\lambda_1,\lambda_2,\cdots,\lambda_k$ 互不相等，最后得 $c_{k+1}\boldsymbol{\alpha}_{k+1}=\boldsymbol{0}$．因 $\boldsymbol{\alpha}_{k+1}\neq\boldsymbol{0}$，故 $c_{k+1}=0$．所以，向量组 $\boldsymbol{\alpha}_1,\boldsymbol{\alpha}_2,\cdots,\boldsymbol{\alpha}_{k+1}$ 线性无关.

由数学归纳法知，对任意正整数 m，结论都成立.

推论 1 设 λ_1,λ_2 是矩阵 $\boldsymbol{A}$ 的两个不同的特征值，$\boldsymbol{\xi}_1,\boldsymbol{\xi}_2,\cdots,\boldsymbol{\xi}_s$ 和 $\boldsymbol{\eta}_1,\boldsymbol{\eta}_2,\cdots,\boldsymbol{\eta}_t$ 分别是对应于 λ_1,λ_2 的一组线性无关特征向量，则向量组 $\boldsymbol{\xi}_1,\boldsymbol{\xi}_2,\cdots,\boldsymbol{\xi}_s,\boldsymbol{\eta}_1,\boldsymbol{\eta}_2,\cdots,\boldsymbol{\eta}_t$ 线性无关.

此外，结合例题容易看出，对应于单特征值的线性无关特征向量有且仅有 1 个，对应于 $k(k>1)$ 重特征值的线性无关特征向量最多有 k 个.

推论 2 如果 $\boldsymbol{A}$ 是 n 阶矩阵，λ_i 是 $\boldsymbol{A}$ 的 m 重特征值，则属于 λ_i 的线性无关的特征向量的个数不超过 m 个.

5.2 相似矩阵与矩阵的相似对角化

5.2.1 矩阵的相似

定义 5.4 设 $\boldsymbol{A},\boldsymbol{B}$ 都是 n 阶矩阵，如果存在一个 n 阶可逆矩阵 $\boldsymbol{P}$，使得

$$\boldsymbol{P}^{-1}\boldsymbol{AP}=\boldsymbol{B},$$

则称 $\boldsymbol{A}$ 相似于 $\boldsymbol{B}$ 或 $\boldsymbol{A}$ 与 $\boldsymbol{B}$ 相似，记作 $\boldsymbol{A}\sim\boldsymbol{B}$. 并称由 $\boldsymbol{A}$ 到 $\boldsymbol{B}=\boldsymbol{P}^{-1}\boldsymbol{AP}$ 的变换为一个相似变换.

性质 5.3(相似矩阵的性质)

(1)自反性：$\boldsymbol{A}\sim\boldsymbol{A}$.

(2)对称性：若 $\boldsymbol{A}\sim\boldsymbol{B}$，则 $\boldsymbol{B}\sim\boldsymbol{A}$.

(3)传递性：若 $\boldsymbol{A}\sim\boldsymbol{B},\boldsymbol{B}\sim\boldsymbol{C}$，则 $\boldsymbol{A}\sim\boldsymbol{C}$.

定理 5.2 设 n 阶矩阵 $\boldsymbol{A}$ 与 $\boldsymbol{B}$ 相似，则矩阵 $\boldsymbol{A}$ 与 $\boldsymbol{B}$ 的行列式相同、特征多项式相同，并且矩阵 $\boldsymbol{A}$ 与 $\boldsymbol{B}$ 的特征值也相同.

证明 因矩阵 $\boldsymbol{A}$ 与 $\boldsymbol{B}$ 相似，即存在可逆矩阵 $\boldsymbol{P}$，使 $\boldsymbol{B}=\boldsymbol{P}^{-1}\boldsymbol{AP}$，从而

$$|\boldsymbol{B}|=|\boldsymbol{P}^{-1}\boldsymbol{AP}|=|\boldsymbol{P}^{-1}||\boldsymbol{A}||\boldsymbol{P}|=|\boldsymbol{A}|.$$

由于

$$\begin{aligned}|\lambda \boldsymbol{E}-\boldsymbol{B}| &= |\lambda \boldsymbol{E}-\boldsymbol{P}^{-1}\boldsymbol{A}\boldsymbol{P}| = |\boldsymbol{P}^{-1}(\lambda \boldsymbol{E}-\boldsymbol{A})\boldsymbol{P}| \\ &= |\boldsymbol{P}^{-1}||\lambda \boldsymbol{E}-\boldsymbol{A}||\boldsymbol{P}| = |\boldsymbol{P}^{-1}||\boldsymbol{P}||\lambda \boldsymbol{E}-\boldsymbol{A}| \\ &= |\lambda \boldsymbol{E}-\boldsymbol{A}|,\end{aligned}$$

所以,$\boldsymbol{B}$ 的特征多项式与 $\boldsymbol{A}$ 的特征多项式相同. 容易看出,矩阵 $\boldsymbol{A}$ 与 $\boldsymbol{B}$ 的特征值相同.

推论　如果 $\boldsymbol{A}\sim\boldsymbol{B}$,则 $\boldsymbol{A}$ 与 $\boldsymbol{B}$ 有相同的迹.

例 1　设 $\boldsymbol{A}\sim\boldsymbol{B}$,其中 $\boldsymbol{A}=\begin{pmatrix}1&0&0\\0&x&3\\0&4&2\end{pmatrix}$,$\boldsymbol{B}=\begin{pmatrix}6&0&0\\2&y&0\\0&0&-1\end{pmatrix}$,求 x,y.

解　因为 $\boldsymbol{A}\sim\boldsymbol{B}$,所以 $\mathrm{tr}(\boldsymbol{A})=\mathrm{tr}(\boldsymbol{B})$,$|\boldsymbol{A}|=|\boldsymbol{B}|$. 因此

$$\begin{cases}3+x=5+y\\2x-12=-6y\end{cases},$$

解得 $x=3,y=1$.

例 2　设 $\boldsymbol{A}\sim\boldsymbol{B}$,且 $\boldsymbol{A},\boldsymbol{B}$ 都是四阶矩阵,$\boldsymbol{A}^*$ 的特征值为 $-1,1,\frac{1}{2},\frac{1}{4}$,求 $|\boldsymbol{B}^{-1}+3\boldsymbol{E}|$.

解　$|\boldsymbol{A}^*|=-\frac{1}{8}$,因为 $|\boldsymbol{A}^*|=|\boldsymbol{A}|^3$,所以 $|\boldsymbol{A}|=-\frac{1}{2}$,于是 $\boldsymbol{A}$ 的特征值为 $\frac{1}{2},-\frac{1}{2},-1,-2$.

因为 $\boldsymbol{A}\sim\boldsymbol{B}$,所以 $\boldsymbol{B}$ 的特征值为 $\frac{1}{2},-\frac{1}{2},-1,-2$. $\boldsymbol{B}^{-1}$ 的特征值为 $2,-2,-1,-\frac{1}{2}$. 于是 $\boldsymbol{B}^{-1}+3\boldsymbol{E}$ 的特征值为 $5,1,2,\frac{5}{2}$,故 $|\boldsymbol{B}^{-1}+3\boldsymbol{E}|=25$.

定理 5.2 表明,相似矩阵具有相同的特征多项式和相同的特征值.

进一步,相似关系有如下性质:

性质 5.4　如果 n 阶矩阵 $\boldsymbol{A}$ 与 $\boldsymbol{B}$ 相似,则:

(1)$k\boldsymbol{A}\sim k\boldsymbol{B}$($k$ 为常数);

(2)$\boldsymbol{A}^{\mathrm{T}}\sim\boldsymbol{B}^{\mathrm{T}}$;

(3)$\boldsymbol{A}^m\sim\boldsymbol{B}^m$;

(4)若 $\boldsymbol{A},\boldsymbol{B}$ 都可逆,则 $\boldsymbol{A}^{-1}\sim\boldsymbol{B}^{-1}$;

(5)$\varphi(\boldsymbol{A})\sim\varphi(\boldsymbol{B})$,$\varphi(\boldsymbol{A})$ 与 $\varphi(\boldsymbol{B})$ 是为 $\boldsymbol{A},\boldsymbol{B}$ 同一个矩阵多项.

相似的矩阵具有许多共同的性质,因此,在研究 n 阶矩阵 $\boldsymbol{A}$ 时,如果能够找到一个较简单的相似矩阵,那么只需研究这个较简单的相似矩阵性质,即可找到矩阵 $\boldsymbol{A}$ 的性质. 因此,我们需要考虑矩阵 $\boldsymbol{A}$ 是否与一个对角矩阵相似.

5.2.2 矩阵可对角化的条件

定义 5.5 如果 $\boldsymbol{A}$ 与一个对角矩阵相似,则称 $\boldsymbol{A}$ 可相似对角化,简称为 $\boldsymbol{A}$ 可对角化.

由性质 5.1 知,对角矩阵的全部特征值是其主对角线上的全部元素.因此,有:

性质 5.5 若 n 阶矩阵 $\boldsymbol{A}$ 与对角矩阵

$$\boldsymbol{\Lambda}=\begin{pmatrix}\lambda_1 & & & \\ & \lambda_2 & & \\ & & \ddots & \\ & & & \lambda_n\end{pmatrix}$$

相似,则 $\lambda_1,\lambda_2,\cdots,\lambda_n$ 即是 $\boldsymbol{A}$ 的 n 个特征值.

也就是说,若找到矩阵 $\boldsymbol{A}$ 的相似对角矩阵,只需寻求矩阵 $\boldsymbol{A}$ 的特征值.然而,并非任何矩阵都可对角化.下面讨论矩阵对角化的问题:

(1)矩阵对角化的条件;

(2)若矩阵 $\boldsymbol{A}$ 可对角化,如何求可逆矩阵 $\boldsymbol{P}$,使 $\boldsymbol{P}^{-1}\boldsymbol{AP}$ 成对角矩阵.

假设有可逆矩阵 $\boldsymbol{P}$,使 $\boldsymbol{P}^{-1}\boldsymbol{AP}=\boldsymbol{\Lambda}$,设 $\boldsymbol{P}=(\boldsymbol{p}_1,\boldsymbol{p}_2,\cdots,\boldsymbol{p}_n)$,则 $\boldsymbol{AP}=\boldsymbol{P\Lambda}$,即

$$\begin{aligned}\boldsymbol{A}(\boldsymbol{p}_1,\boldsymbol{p}_2,\cdots,\boldsymbol{p}_n)&=(\boldsymbol{p}_1,\boldsymbol{p}_2,\cdots,\boldsymbol{p}_n)\begin{pmatrix}\lambda_1 & & & \\ & \lambda_2 & & \\ & & \ddots & \\ & & & \lambda_n\end{pmatrix}\\&=(\lambda_1\boldsymbol{p}_1,\lambda_2\boldsymbol{p}_2,\cdots,\lambda_n\boldsymbol{p}_n),\end{aligned}$$

因此,有 $\boldsymbol{A}\boldsymbol{p}_i=\lambda_i\boldsymbol{p}_i(i=1,2,\cdots,n)$.可以看出,若矩阵 $\boldsymbol{A}$ 可对角化,则对角矩阵主对角线的元素为 $\lambda_i(i=1,2,\cdots,n)$,其中 λ_i 为矩阵 $\boldsymbol{A}$ 的特征值,而可逆矩阵 $\boldsymbol{P}$ 的列向量则为矩阵 $\boldsymbol{A}$ 的属于特征值 λ_i 的特征向量 $\boldsymbol{p}_i$.这提供了一个找到可逆矩阵 $\boldsymbol{P}$,使 $\boldsymbol{P}^{-1}\boldsymbol{AP}$ 成对角矩阵的方法.

此外,由于矩阵 $\boldsymbol{P}=(\boldsymbol{p}_1,\boldsymbol{p}_2,\cdots,\boldsymbol{p}_n)$ 可逆,则 $\boldsymbol{p}_i\neq\boldsymbol{0}\ (i=1,2,\cdots,n)$,且 $\boldsymbol{p}_1,\boldsymbol{p}_2,\cdots,\boldsymbol{p}_n$ 线性无关;反之,若矩阵 $\boldsymbol{A}$ 有 n 个特征值,其对应的特征向量为 $\boldsymbol{p}_1,\boldsymbol{p}_2,\cdots,\boldsymbol{p}_n$,即 $\boldsymbol{A}\boldsymbol{p}_i=\lambda_i\boldsymbol{p}_i$,当 $\boldsymbol{p}_1,\boldsymbol{p}_2,\cdots,\boldsymbol{p}_n$ 线性无关时,则存在可逆矩阵 $\boldsymbol{P}=(\boldsymbol{p}_1,\boldsymbol{p}_2,\cdots,\boldsymbol{p}_n)$,使得 $\boldsymbol{P}^{-1}\boldsymbol{AP}=\boldsymbol{\Lambda}$.

定理 5.3 (矩阵可对角化的充要条件)n 阶矩阵 $\boldsymbol{A}$ 可对角化的充要条件是 $\boldsymbol{A}$ 有 n 个线性无关的特征向量.

因此,当 $\boldsymbol{A}$ 可对角化时,也就是求 $\boldsymbol{A}$ 的全部特征值及 $\boldsymbol{A}$ 的 n 个线性无关的特征向量.

推论 1(矩阵可对角化的充分条件) 若 n 阶矩阵 $\boldsymbol{A}$ 的 n 个特征值互不相同

（即 $\boldsymbol{A}$ 的特征值都是单特征值），则 $\boldsymbol{A}$ 必与对角矩阵相似.

注意：推论 1 的逆命题不成立. 推论 1 讨论的是特征值是单特征值的情况. 下面给出了当矩阵有重特征值时可否对角化的具体判别方法.

推论 2（矩阵可对角化的充要条件）　n 阶矩阵 $\boldsymbol{A}$ 可对角化的充要条件是 $\boldsymbol{A}$ 的每个特征值的几何重数都等于它的代数重数. 即

$\boldsymbol{A}\sim\boldsymbol{\Lambda}\Leftrightarrow\lambda_i$ 是 $\boldsymbol{A}$ 的 n_i 重特征值，则 λ_i 有 n_i 个线性无关的特征向量

$\Leftrightarrow$秩 $r(\lambda_i\boldsymbol{E}-\boldsymbol{A})=n-n_i$，$\lambda_i$ 为 n_i 重特征值.

矩阵对角化的步骤：

(1)由 $|\lambda\boldsymbol{E}-\boldsymbol{A}|=0$ 求出 $\boldsymbol{A}$ 的特征值；

(2)求方程组 $(\lambda_i\boldsymbol{E}-\boldsymbol{A})\boldsymbol{X}=\boldsymbol{0}$ $(1\leqslant i\leqslant n)$ 的基础解系，若秩 $r(\lambda_i\boldsymbol{E}-\boldsymbol{A})\neq n-n_i$，其中 λ_i 是 n_i 重特征值，则矩阵 $\boldsymbol{A}$ 不可对角化；

(3)若秩 $r(\lambda_i\boldsymbol{E}-\boldsymbol{A})=n-n_i$，$\lambda_i$ 为 n_i 重特征值，则矩阵 $\boldsymbol{A}$ 可对角化，从而得到各个特征值对应的线性无关的特征向量，各特征值对应的线性无关的特征向量所组成的向量组一定线性无关，设为 $\boldsymbol{\xi}_1,\boldsymbol{\xi}_2,\cdots,\boldsymbol{\xi}_n$，则有 $\boldsymbol{P}=(\boldsymbol{\xi}_1,\boldsymbol{\xi}_2,\cdots,\boldsymbol{\xi}_n)^{\mathrm{T}}$，使得

$$\boldsymbol{P}^{-1}\boldsymbol{AP}=\begin{pmatrix}\lambda_1 & & & \\ & \lambda_2 & & \\ & & \ddots & \\ & & & \lambda_n\end{pmatrix}.$$

例 3　设矩阵

$$\boldsymbol{A}=\begin{pmatrix}2 & 0 & 0\\ -1 & 2 & 1\\ -1 & 0 & -1\end{pmatrix},$$

试问 $\boldsymbol{A}$ 是否可对角化？如果能，求出相应的可逆矩阵 $\boldsymbol{P}$ 使 $\boldsymbol{P}^{-1}\boldsymbol{AP}$ 为对角矩阵.

解

$$|\lambda\boldsymbol{E}-\boldsymbol{A}|=\begin{vmatrix}\lambda-2 & 0 & 0\\ 1 & \lambda-2 & -1\\ 1 & 0 & \lambda+1\end{vmatrix}=(\lambda-2)^2(\lambda+1),$$

所以，$\boldsymbol{A}$ 的特征值为 $\lambda_1=-1$，$\lambda_2=\lambda_3=2$.

当 $\lambda_1=-1$ 时，解方程 $(-\boldsymbol{E}-\boldsymbol{A})\boldsymbol{X}=\boldsymbol{0}$，即

$$\begin{pmatrix}-3 & 0 & 0\\ 1 & -3 & -1\\ 1 & 0 & 0\end{pmatrix}\begin{pmatrix}x_1\\ x_2\\ x_3\end{pmatrix}=\begin{pmatrix}0\\ 0\\ 0\end{pmatrix},$$

得到它的一个基础解系为

$$\boldsymbol{\xi}_1=\begin{pmatrix}0\\-3\\1\end{pmatrix}.$$

当 $\lambda_2=\lambda_3=2$ 时，解方程 $(\boldsymbol{A}-2\boldsymbol{E})\boldsymbol{X}=\boldsymbol{0}$，得到它的一个基础解系为

$$\boldsymbol{\xi}_2=\begin{pmatrix}0\\1\\0\end{pmatrix},\quad \boldsymbol{\xi}_3=\begin{pmatrix}1\\0\\1\end{pmatrix}.$$

以 $\boldsymbol{\xi}_1,\boldsymbol{\xi}_2,\boldsymbol{\xi}_3$ 为列作矩阵

$$\boldsymbol{P}=(\boldsymbol{\xi}_1,\boldsymbol{\xi}_2,\boldsymbol{\xi}_3)=\begin{pmatrix}0&0&1\\-3&1&0\\1&0&1\end{pmatrix},$$

则有

$$\boldsymbol{P}^{-1}\boldsymbol{A}\boldsymbol{P}=\begin{pmatrix}1&&\\&2&\\&&2\end{pmatrix}.$$

例 4 已知矩阵 $\boldsymbol{A}=\begin{pmatrix}1&a&-3\\-1&4&-3\\1&-2&5\end{pmatrix}$ 的特征值有重根，判断矩阵 $\boldsymbol{A}$ 能否相似对角化，并说明理由.

解 矩阵 $\boldsymbol{A}$ 的特征多项式为

$$|\lambda\boldsymbol{E}-\boldsymbol{A}|=\begin{vmatrix}\lambda-1&-a&3\\1&\lambda-4&3\\-1&2&\lambda-5\end{vmatrix}=\begin{vmatrix}\lambda-1&-a&3\\1&\lambda-4&3\\0&\lambda-2&\lambda-2\end{vmatrix}$$

$$=(\lambda-2)^2(\lambda^2-8\lambda+10+a).$$

如果 $\lambda=2$ 是重根，则 $(\lambda^2-8\lambda+10+a)$ 含有 $\lambda-2$ 的因式，于是 $2^2-8\times2+10+a=0$，得 $a=2$，从而有 $\lambda^2-8\lambda+12=(\lambda-2)(\lambda-6)$，所以矩阵 $\boldsymbol{A}$ 的特征值为 2,2,6.

若 $\lambda=2$ 是重根，由于 $r(2\boldsymbol{E}-\boldsymbol{A})=r\begin{pmatrix}1&-2&3\\1&-2&3\\-1&2&-3\end{pmatrix}=1.$

即 $r(2\boldsymbol{E}-\boldsymbol{A})=3-2=1$，由推论，知矩阵 $\boldsymbol{A}$ 可相似对角化.

若 $\lambda=2$ 是不是重根，则 $\lambda^2-8\lambda+10+a$ 是完全平方，配方得

$$(\lambda^2-8\lambda+10+a)=(\lambda-4)^2-6+a=0,$$

解出 $a=6,\lambda=4$，从而矩阵 $\boldsymbol{A}$ 的特征值为 2,4,4.

对于 $\lambda=4$，由于 $r(4\boldsymbol{E}-\boldsymbol{A})=r\begin{pmatrix}3&-6&3\\1&0&3\\-1&2&-1\end{pmatrix}=2$，
$r(2\boldsymbol{E}-\boldsymbol{A})=2\neq 3-2$，由推论，知矩阵 $\boldsymbol{A}$ 不可相似对角化.

例 5　设矩阵 $\boldsymbol{A}=\begin{pmatrix}4&3\\-2&-1\end{pmatrix}$.

(1)试问 $\boldsymbol{A}$ 是否可对角化？如果可以，求出相应的可逆矩阵 $\boldsymbol{P}$，使 $\boldsymbol{P}^{-1}\boldsymbol{A}\boldsymbol{P}$ 为对角矩阵.

(2)求 $\boldsymbol{A}^n$.

解　(1) $|\lambda\boldsymbol{E}-\boldsymbol{A}|=\begin{vmatrix}\lambda-4&-3\\2&\lambda+1\end{vmatrix}=(\lambda-2)(\lambda-1)$，
所以，$\boldsymbol{A}$ 的特征值为 $\lambda_1=1,\lambda_2=2$.

当 $\lambda_1=1$ 时，解方程 $(\boldsymbol{E}-\boldsymbol{A})\boldsymbol{X}=\boldsymbol{0}$，即

$$\begin{pmatrix}-3&-3\\2&2\end{pmatrix}\begin{bmatrix}x_1\\x_2\end{bmatrix}=\begin{pmatrix}0\\0\end{pmatrix},$$

得到它的一个基础解系为

$$\boldsymbol{\alpha}_1=\begin{pmatrix}-1\\1\end{pmatrix}.$$

当 $\lambda_2=2$ 时，解方程 $(2\boldsymbol{E}-\boldsymbol{A})\boldsymbol{X}=\boldsymbol{0}$，即

$$\begin{pmatrix}-2&-3\\2&3\end{pmatrix}\begin{bmatrix}x_1\\x_2\end{bmatrix}=\begin{pmatrix}0\\0\end{pmatrix},$$

得到它的一个基础解系为

$$\boldsymbol{\alpha}_2=\begin{pmatrix}-3\\2\end{pmatrix}.$$

即 A 有两个线性无关的特征向量，由定理 5.3 可知，A 可对角化. 以 $\boldsymbol{\alpha}_1,\boldsymbol{\alpha}_2$ 为列作矩阵

$$\boldsymbol{P}=(\boldsymbol{\alpha}_1,\boldsymbol{\alpha}_2)=\begin{pmatrix}-1&-3\\1&2\end{pmatrix},$$

则有

$$\boldsymbol{P}^{-1}\boldsymbol{A}\boldsymbol{P}=\begin{pmatrix}1&0\\0&2\end{pmatrix}.$$

(2)当 n 大时，直接计算 $\boldsymbol{A}^n$ 是不容易的，由 $\boldsymbol{A}=\boldsymbol{P}\begin{pmatrix}1&0\\0&2\end{pmatrix}\boldsymbol{P}^{-1}$，可得

$$A^n=P\begin{pmatrix}1&0\\0&2\end{pmatrix}^n P^{-1}=\begin{pmatrix}-1&-3\\1&2\end{pmatrix}\begin{pmatrix}1&0\\0&2^n\end{pmatrix}\begin{pmatrix}2&3\\-1&-1\end{pmatrix}$$

$$=\begin{pmatrix}-2+3\times 2^n & -3+3\times 2^n\\ 2-2\times 2^n & 3-2\times 2^n\end{pmatrix}.$$

例 6 设 $\boldsymbol{A}$ 为三阶矩阵，$\boldsymbol{A}$ 的特征值为 $\lambda_1=1,\lambda_2=2,\lambda_3=3$，其对应的线性无关的特征向量分别为 $\boldsymbol{\xi}_1=\begin{pmatrix}1\\1\\1\end{pmatrix}$，$\boldsymbol{\xi}_2=\begin{pmatrix}1\\2\\4\end{pmatrix}$，$\boldsymbol{\xi}_3=\begin{pmatrix}1\\3\\9\end{pmatrix}$，向量 $\boldsymbol{\beta}=\begin{pmatrix}1\\1\\3\end{pmatrix}$，求 $\boldsymbol{A}^n\boldsymbol{\beta}$.

解 令 $\boldsymbol{P}=\begin{pmatrix}1&1&1\\1&2&3\\1&4&9\end{pmatrix}$，则 $\boldsymbol{P}^{-1}\boldsymbol{AP}=\begin{pmatrix}1&&\\&2&\\&&3\end{pmatrix}$，$\boldsymbol{A}=\boldsymbol{P}\begin{pmatrix}1&&\\&2&\\&&3\end{pmatrix}\boldsymbol{P}^{-1}$，则

$$\boldsymbol{A}^n=\boldsymbol{P}\begin{pmatrix}1&&\\&2^n&\\&&3^n\end{pmatrix}\boldsymbol{P}^{-1},$$

于是

$$\boldsymbol{A}^n\boldsymbol{\beta}=\boldsymbol{P}\begin{pmatrix}1&&\\&2^n&\\&&3^n\end{pmatrix}\boldsymbol{P}^{-1}\boldsymbol{\beta}=\begin{pmatrix}2-2^{n+1}+3^n\\2-2^{n+2}+3^{n+1}\\2-2^{n+3}+3^{n+2}\end{pmatrix}.$$

5.3 实对称矩阵对角化

本节讨论实对称矩阵的对角化问题，为此先介绍 $\mathbf{R}^n$ 的内积及正交矩阵等基本概念，这是实对称矩阵的相似对角化问题的基础. 本节的讨论只限于在实数范围内.

5.3.1 内积的基本概念

为了描述 $\mathbf{R}^n$ 空间中向量的度量性质，需要引入内积的概念.

定义 5.6 在 $\mathbf{R}^n$ 中，设有两个向量

$$\boldsymbol{\alpha}=\begin{pmatrix}a_1\\a_2\\\vdots\\a_n\end{pmatrix},\quad \boldsymbol{\beta}=\begin{pmatrix}b_1\\b_2\\\vdots\\b_n\end{pmatrix},$$

规定实数 $a_1b_1+a_2b_2+\cdots+a_nb_n=\sum\limits_{i=1}^{n}a_ib_i$ 为 $\boldsymbol{\alpha}$ 与 $\boldsymbol{\beta}$ 的内积，记为 $\langle\boldsymbol{\alpha},\boldsymbol{\beta}\rangle$，即

$$\langle\boldsymbol{\alpha},\boldsymbol{\beta}\rangle=a_1b_1+a_2b_2+\cdots+a_nb_n=\boldsymbol{\alpha}^{\mathrm{T}}\boldsymbol{\beta}=\boldsymbol{\beta}^{\mathrm{T}}\boldsymbol{\alpha}.$$

容易验证，内积具有下列基本性质：

(1) $\langle \boldsymbol{\alpha},\boldsymbol{\beta}\rangle=\langle \boldsymbol{\beta},\boldsymbol{\alpha}\rangle$;

(2) $\langle \boldsymbol{\alpha}+\boldsymbol{\beta},\boldsymbol{\gamma}\rangle=\langle \boldsymbol{\alpha},\boldsymbol{\gamma}\rangle+\langle \boldsymbol{\beta},\boldsymbol{\gamma}\rangle$;$\langle k\boldsymbol{\alpha},\boldsymbol{\beta}\rangle=k\langle \boldsymbol{\alpha},\boldsymbol{\beta}\rangle$;

(3) $\langle \boldsymbol{\alpha},\boldsymbol{\alpha}\rangle=0\Leftrightarrow\boldsymbol{\alpha}=\mathbf{0}$.

这里,$\boldsymbol{\alpha},\boldsymbol{\beta},\boldsymbol{\gamma}$ 是 $\mathbf{R}^n$ 中任意向量,k 为任意实数.

引入向量长度的概念.

定义 5.7 在 $\mathbf{R}^n$ 中,向量 $\boldsymbol{\alpha}=(a_1,a_2,\cdots,a_n)^{\mathrm{T}}$ 的长度(或范数)为

$$\|\boldsymbol{\alpha}\|=\sqrt{\langle \boldsymbol{\alpha},\boldsymbol{\alpha}\rangle}=\sqrt{a_1^2+a_2^2+\cdots+a_n^2}.$$

向量长度具有以下性质:

(1) $\|\boldsymbol{\alpha}\|=0\Leftrightarrow\boldsymbol{\alpha}=\mathbf{0}$;

(2) $\|k\boldsymbol{\alpha}\|=|k|\cdot\|\boldsymbol{\alpha}\|$;

(3)对任意的向量 $\boldsymbol{\alpha},\boldsymbol{\beta}$ 有 $|\langle \boldsymbol{\alpha},\boldsymbol{\beta}\rangle|$, $\sqrt{\langle \boldsymbol{\alpha},\boldsymbol{\alpha}\rangle}\sqrt{\langle \boldsymbol{\beta},\boldsymbol{\beta}\rangle}=\|\boldsymbol{\alpha}\|\,\|\boldsymbol{\beta}\|$.

称长度为 1 的向量为单位向量.

例如,向量

$$\boldsymbol{\alpha}=\left(-\frac{1}{\sqrt{3}},\frac{1}{\sqrt{3}},\frac{1}{\sqrt{3}}\right)^{\mathrm{T}},\quad \boldsymbol{\beta}=\left(\frac{2}{\sqrt{5}},0,-\frac{1}{\sqrt{5}}\right)^{\mathrm{T}}$$

都是三维单位向量.在 $\mathbf{R}^n$ 中,任一非零向量 $\dfrac{\boldsymbol{\alpha}}{\|\boldsymbol{\alpha}\|}$ 是一个单位向量,称为向量 $\boldsymbol{\alpha}$ 单位化.

5.3.2 正交向量组与正交矩阵

定义 5.8 在 $\mathbf{R}^n$ 中,称

$$\theta=\arccos\frac{\langle \boldsymbol{\alpha},\boldsymbol{\beta}\rangle}{\|\boldsymbol{\alpha}\|\,\|\boldsymbol{\beta}\|}$$

为两个非零向量 $\boldsymbol{\alpha}$ 与 $\boldsymbol{\beta}$ 的夹角 θ.

由定义可知,当 $\langle \boldsymbol{\alpha},\boldsymbol{\beta}\rangle=0$ 时,$\theta=\dfrac{\pi}{2}$,此时两个向量垂直.

定义 5.9 在 $\mathbf{R}^n$ 中,当 $\langle \boldsymbol{\alpha},\boldsymbol{\beta}\rangle=0$ 时,称 $\boldsymbol{\alpha}$ 与 $\boldsymbol{\beta}$ 正交(或垂直),记为 $\boldsymbol{\alpha}\perp\boldsymbol{\beta}$.

由于零向量与任何向量的内积为零,所以,零向量与任何向量都是正交的.

定义 5.10 如果 $\mathbf{R}^n$ 中一个向量组中不含零向量,且其中的向量两两正交,则称此向量组为正交向量组.如果一个正交向量组中每个向量都是单位向量,则称此向量组为标准正交向量组(或规范正交向量组).

例如,向量组

$$\boldsymbol{\alpha}_1=(1,-1,1)^{\mathrm{T}},\quad \boldsymbol{\alpha}_2=(1,0,-1)^{\mathrm{T}},\quad \boldsymbol{\alpha}_3=(-1,-2,-1)^{\mathrm{T}}$$

就是一个正交向量组.把一个正交向量组中每个向量单位化,就得到一个标准正交向量组.令 $\boldsymbol{\beta}_i=\dfrac{1}{\|\boldsymbol{\alpha}_i\|}\boldsymbol{\alpha}_i\,(i=1,2,3)$,便得到一个标准正交向量组

$$\boldsymbol{\beta}_1=\left(\frac{1}{\sqrt{3}},-\frac{1}{\sqrt{3}},\frac{1}{\sqrt{3}}\right)^{\mathrm{T}},\quad \boldsymbol{\beta}_2=\left(\frac{1}{\sqrt{2}},0,-\frac{1}{\sqrt{2}}\right)_1^{\mathrm{T}},\quad \boldsymbol{\beta}_3=\left(-\frac{1}{\sqrt{6}},-\frac{2}{\sqrt{6}},-\frac{1}{\sqrt{6}}\right)^{\mathrm{T}}$$

定理 5.4 正交向量组必是线性无关向量组.

证明 设 $\boldsymbol{\alpha}_1,\boldsymbol{\alpha}_2,\cdots,\boldsymbol{\alpha}_s$ 是一个正交向量组,存在一组数 $k_1,k_2,\cdots,k_s$,使得

$$k_1\boldsymbol{\alpha}_1+k_2\boldsymbol{\alpha}_2+\cdots+k_m\boldsymbol{\alpha}_m=\mathbf{0}.$$

将上式两边与向量组中的任一向量作内积,不妨用 $\boldsymbol{\alpha}_1$ 与两端作内积,得

$$k_1\langle\boldsymbol{\alpha}_1,\boldsymbol{\alpha}_1\rangle+k_2\langle\boldsymbol{\alpha}_2,\boldsymbol{\alpha}_1\rangle+\cdots+k_m\langle\boldsymbol{\alpha}_m,\boldsymbol{\alpha}_1\rangle=0.$$

因 $\boldsymbol{\alpha}_1,\boldsymbol{\alpha}_2,\cdots,\boldsymbol{\alpha}_s$ 两两正交,根据向量正交的定义知,

$$\langle\boldsymbol{\alpha}_k,\boldsymbol{\alpha}_1\rangle=0\quad(k=2,\cdots,m),$$

$$\langle\boldsymbol{\alpha}_1,\boldsymbol{\alpha}\rangle_1=\|\boldsymbol{\alpha}_1\|^2>0,$$

得 $k_1=0$,同理可得 $k_2=\cdots=k_s=0$,所以向量组 $\boldsymbol{\alpha}_1,\boldsymbol{\alpha}_2,\cdots,\boldsymbol{\alpha}_s$ 线性无关.

下面介绍很重要的正交矩阵.

定义 5.11 (正交矩阵)如果 n 阶矩阵 $\boldsymbol{A}$ 满足 $\boldsymbol{A}\boldsymbol{A}^{\mathrm{T}}=\boldsymbol{A}^{\mathrm{T}}\boldsymbol{A}=\boldsymbol{E}$,则称 A 为正交矩阵.

正交矩阵的性质:

(1)正交矩阵可逆,且有 $\boldsymbol{A}^{-1}=\boldsymbol{A}^{\mathrm{T}}$;

(2)正交矩阵的行列式等于 1 或 -1,即 $|\boldsymbol{A}|=1$ 或 -1;

(3)设 $\boldsymbol{A}$ 为正交矩阵,则 $\boldsymbol{A}^{\mathrm{T}}$、$\boldsymbol{A}^{-1}$ 及 $\boldsymbol{A}^*$ 都是正交矩阵;

(4)如果 $\boldsymbol{A}$ 和 $\boldsymbol{B}$ 为 n 阶正交矩阵,则 $\boldsymbol{AB}$ 也是 n 阶正交矩阵;

(5)正交矩阵 $\boldsymbol{A}$ 的行(列)向量组为标准正交向量组.

根据定义,均可得到上述性质,读者作为练习自行证明.

例 1 验证 $\boldsymbol{A}=\frac{1}{3}\begin{pmatrix}1&2&2\\2&1&-2\\2&-2&1\end{pmatrix}$ 是正交矩阵.

解 因为

$$\boldsymbol{A}^{\mathrm{T}}\boldsymbol{A}=\frac{1}{9}\begin{pmatrix}1&2&2\\2&1&-2\\2&-2&1\end{pmatrix}\begin{pmatrix}1&2&2\\2&1&-2\\2&-2&1\end{pmatrix}=\boldsymbol{E},$$

所以 $\boldsymbol{A}$ 为正交矩阵.

定义 5.12 设 $\boldsymbol{A}$ 为一个 n 阶正交矩阵,则称 $\mathbf{R}^n$ 到其自身的变换 T:

$$\boldsymbol{y}=\boldsymbol{A}\boldsymbol{x},\quad \forall\,\boldsymbol{x}\in\mathbf{R}^n$$

为 $\mathbf{R}^n$ 上的一个正交变换.

定理 5.5 $\mathbf{R}^n$ 上的正交变换 $\boldsymbol{y}=\boldsymbol{A}\boldsymbol{x}$ 有如下性质:

对 $\mathbf{R}^n$ 中任意 $\boldsymbol{x}_1,\boldsymbol{x}_2$,经过变换后:

(1)保持内积不变,即$\langle \boldsymbol{A}\boldsymbol{x}_1,\boldsymbol{A}\boldsymbol{x}_2\rangle=\langle \boldsymbol{x}_1,\boldsymbol{x}_2\rangle$;

(2)保持长度不变,即$\|\boldsymbol{A}\boldsymbol{x}_1\|=\|\boldsymbol{x}_1\|$;

(3)保持夹角不变,即$\cos(\boldsymbol{A}\boldsymbol{x}_1,\boldsymbol{A}\boldsymbol{x}_2)=\cos(\boldsymbol{x}_1,\boldsymbol{x}_2)$.

证明　(1)$\langle \boldsymbol{A}\boldsymbol{x}_1,\boldsymbol{A}\boldsymbol{x}_2\rangle=(\boldsymbol{A}\boldsymbol{x}_2)^{\mathrm{T}}(\boldsymbol{A}\boldsymbol{x}_1)=\boldsymbol{x}_2^{\mathrm{T}}(\boldsymbol{A}^{\mathrm{T}}\boldsymbol{A})\boldsymbol{x}_1=\boldsymbol{x}_2^{\mathrm{T}}\boldsymbol{x}_1=\langle \boldsymbol{x}_1,\boldsymbol{x}_2\rangle$;

(2)在(1)中取$\boldsymbol{x}_1=\boldsymbol{x}_2$即得;

(3)$\cos(\boldsymbol{A}\boldsymbol{x}_1,\boldsymbol{A}\boldsymbol{x}_2)=\dfrac{\langle \boldsymbol{A}\boldsymbol{x}_1,\boldsymbol{A}\boldsymbol{x}_2\rangle}{\|\boldsymbol{A}\boldsymbol{x}_1\|\cdot\|\boldsymbol{A}\boldsymbol{x}_2\|}=\dfrac{\langle \boldsymbol{x}_1,\boldsymbol{x}_2\rangle}{\|\boldsymbol{x}_1\|\,\|\boldsymbol{x}_2\|}=\cos(\boldsymbol{x}_1,\boldsymbol{x}_2)$.

可以看出,正交变换保持内积不变、长度内变、夹角不变.由一个线性无关向量组构造出一个正交向量组是一个很重要的问题.

定理 5.6　设$\boldsymbol{\alpha}_1,\boldsymbol{\alpha}_2,\cdots,\boldsymbol{\alpha}_s$是$\mathbf{R}^n$中的一个线性无关向量组,若令

$$\boldsymbol{\beta}_1=\boldsymbol{\alpha}_1,$$

$$\boldsymbol{\beta}_2=\boldsymbol{\alpha}_2-\frac{\langle\boldsymbol{\alpha}_2,\boldsymbol{\beta}_1\rangle}{\langle\boldsymbol{\beta}_1,\boldsymbol{\beta}_1\rangle}\boldsymbol{\beta}_1,$$

……

$$\boldsymbol{\beta}_s=\boldsymbol{\alpha}_s-\frac{\langle\boldsymbol{\alpha}_s,\boldsymbol{\beta}_1\rangle}{\langle\boldsymbol{\beta}_1,\boldsymbol{\beta}_1\rangle}\boldsymbol{\beta}_1-\frac{\langle\boldsymbol{\alpha}_s,\boldsymbol{\beta}_2\rangle}{\langle\boldsymbol{\beta}_2,\boldsymbol{\beta}_2\rangle}\boldsymbol{\beta}_2-\cdots-\frac{\langle\boldsymbol{\alpha}_s,\boldsymbol{\beta}_{s-1}\rangle}{\langle\boldsymbol{\beta}_{s-1},\boldsymbol{\beta}_{s-1}\rangle}\boldsymbol{\beta}_{s-1},$$

则$\boldsymbol{\beta}_1,\boldsymbol{\beta}_2,\cdots,\boldsymbol{\beta}_s$就是一个正交向量组,若再令

$$\boldsymbol{\gamma}_i=\frac{\boldsymbol{\beta}_i}{\|\boldsymbol{\beta}_i\|},\quad i=1,2,\cdots,s,$$

就得到了一个标准正交向量组$\boldsymbol{\gamma}_1,\boldsymbol{\gamma}_2,\cdots,\boldsymbol{\gamma}_s$,且该向量组与向量组$\boldsymbol{\alpha}_1,\boldsymbol{\alpha}_2,\cdots,\boldsymbol{\alpha}_s$等价.这种从线性无关向量组$\boldsymbol{\alpha}_1,\boldsymbol{\alpha}_2,\cdots,\boldsymbol{\alpha}_s$导出正交向量组$\boldsymbol{\gamma}_1,\boldsymbol{\gamma}_2,\cdots,\boldsymbol{\gamma}_s$的过程称为施密特正交化.

例 2　设$\boldsymbol{\alpha}_1=\begin{pmatrix}1\\1\\0\end{pmatrix},\boldsymbol{\alpha}_2=\begin{pmatrix}1\\0\\1\end{pmatrix},\boldsymbol{\alpha}_3=\begin{pmatrix}0\\1\\1\end{pmatrix}$,使用施密特正交化方法把这组向量规范正交化.

解　令

$$\boldsymbol{\beta}_1=\boldsymbol{\alpha}_1=\begin{pmatrix}1\\1\\0\end{pmatrix},$$

$$\boldsymbol{\beta}_2=\boldsymbol{\alpha}_2-\frac{\langle\boldsymbol{\beta}_1,\boldsymbol{\alpha}_2\rangle}{\langle\boldsymbol{\beta}_1,\boldsymbol{\beta}_1\rangle}\boldsymbol{\beta}_1=\begin{pmatrix}1\\0\\1\end{pmatrix}-\frac{1}{2}\begin{pmatrix}1\\1\\0\end{pmatrix}=\frac{1}{2}\begin{pmatrix}1\\-1\\2\end{pmatrix},$$

$$\boldsymbol{\beta}_3=\boldsymbol{\alpha}_3-\frac{\langle\boldsymbol{\beta}_1,\boldsymbol{\alpha}_3\rangle}{\langle\boldsymbol{\beta}_1,\boldsymbol{\beta}_1\rangle}\boldsymbol{\beta}_1-\frac{\langle\boldsymbol{\beta}_2,\boldsymbol{\alpha}_3\rangle}{\langle\boldsymbol{\beta}_2,\boldsymbol{\beta}_2\rangle}\boldsymbol{\beta}_2=\begin{pmatrix}0\\1\\1\end{pmatrix}-\frac{1}{2}\begin{pmatrix}1\\1\\0\end{pmatrix}-\frac{1}{6}\begin{pmatrix}1\\-1\\2\end{pmatrix}=\frac{2}{3}\begin{pmatrix}-1\\1\\1\end{pmatrix},$$

则 $\boldsymbol{\beta}_1,\boldsymbol{\beta}_2,\boldsymbol{\beta}_3$ 两两正交.

令

$$\boldsymbol{\gamma}_1=\frac{1}{\|\boldsymbol{\beta}_1\|}\boldsymbol{\beta}_1=\frac{1}{\sqrt{2}}\begin{pmatrix}1\\1\\0\end{pmatrix},\quad \boldsymbol{\gamma}_2=\frac{1}{\|\boldsymbol{\beta}_2\|}\boldsymbol{\beta}_2=\frac{1}{\sqrt{6}}\begin{pmatrix}1\\-1\\2\end{pmatrix},\quad \boldsymbol{\gamma}_3=\frac{1}{\|\boldsymbol{\beta}_3\|}\boldsymbol{\beta}_3=\frac{1}{\sqrt{3}}\begin{pmatrix}-1\\1\\1\end{pmatrix},$$

则 $\boldsymbol{\gamma}_1,\boldsymbol{\gamma}_2,\boldsymbol{\gamma}_3$ 单位矩阵且两两正交.

5.3.3 实对称矩阵对角化

定义 5.13 如果 n 阶矩阵 $\boldsymbol{A}$ 中,对于任意的 $i,j=1,2,\cdots,n$,均有 $a_{ij}=a_{ji}$,即 $\boldsymbol{A}=\boldsymbol{A}^{\mathrm{T}}$,则称 $\boldsymbol{A}$ 为对称矩阵.对称的实矩阵称为实对称矩阵.

设 $\boldsymbol{A}=(a_{ij})$ 是一个复矩阵,称 $\overline{\boldsymbol{A}}=(\overline{a}_{ij})$ 为 $\boldsymbol{A}$ 的共轭矩阵,其中 $\overline{a}_{ij}$ 是复数 a_{ij} 的共轭数.

容易验证矩阵的共轭运算满足

$$\overline{\boldsymbol{A}+\boldsymbol{B}}=\overline{\boldsymbol{A}}+\overline{\boldsymbol{B}},\quad \overline{\lambda\boldsymbol{A}}=\overline{\lambda}\overline{\boldsymbol{A}},\overline{\boldsymbol{AB}}=\overline{\boldsymbol{A}}\overline{\boldsymbol{B}}$$

式中,$\boldsymbol{A}$、$\boldsymbol{B}$ 为复矩阵;λ 为复数.

根据定义,当 $\overline{\boldsymbol{A}}=\boldsymbol{A}$ 时,$\boldsymbol{A}$ 就是实矩阵.

实对称矩阵有一些重要的性质.

性质 5.6 实对称矩阵的特征值都是实数.

证明 设实对称矩阵 $\boldsymbol{A}$ 的一个特征值为复数,非零复向量 $\boldsymbol{x}=(x_1,\cdots,x_n)^{\mathrm{T}}$ 为属于特征值 λ 的特征向量,即 $\boldsymbol{Ax}=\lambda\boldsymbol{x}$.因矩阵 $\boldsymbol{A}$ 为实对称矩阵,则有 $\overline{\boldsymbol{A}}=\boldsymbol{A},\boldsymbol{A}^{\mathrm{T}}=\boldsymbol{A}$.

对上式两端取共轭,再对两端取转置,得

$$\overline{\boldsymbol{x}}^{\mathrm{T}}\boldsymbol{A}=\overline{\lambda}\overline{\boldsymbol{x}}^{\mathrm{T}},$$

用 $\boldsymbol{x}$ 右乘上式两端,得

$$\overline{\boldsymbol{x}}^{\mathrm{T}}\boldsymbol{Ax}=\overline{\lambda}\overline{\boldsymbol{x}}^{\mathrm{T}}\boldsymbol{x}.$$

因 $\boldsymbol{Ax}=\lambda\boldsymbol{x}$,从而

$$\lambda\overline{\boldsymbol{x}}^{\mathrm{T}}\boldsymbol{x}=\overline{\lambda}\overline{\boldsymbol{x}}^{\mathrm{T}}\boldsymbol{x},$$

整理得

$$(\lambda-\overline{\lambda})\overline{\boldsymbol{x}}^{\mathrm{T}}\boldsymbol{x}=\boldsymbol{0}.$$

因为 $\overline{\boldsymbol{x}}^{\mathrm{T}}\boldsymbol{x}=|\boldsymbol{x}_1|^2+\cdots+|\boldsymbol{x}_n|^2>0$,所以 $\lambda-\overline{\lambda}=0$,故 $\lambda=\overline{\lambda}$,即 λ 为实数.

性质 5.7 实对称矩阵 $\boldsymbol{A}$ 的不同特征值所对应的特征向量正交.(证明略)

定理 5.7 设 $\boldsymbol{A}$ 为 n 阶实对称矩阵,则必存在正交矩阵 $\boldsymbol{P}$,使 $\boldsymbol{P}^{-1}\boldsymbol{AP}=\boldsymbol{P}^{\mathrm{T}}\boldsymbol{AP}=\boldsymbol{\Lambda}$.

推论 设 λ 为实对称矩阵 $\boldsymbol{A}$ 的特征值,则 λ 是 $\boldsymbol{A}$ 的特征方程 k 重根,则矩阵 $\boldsymbol{A}-\lambda\boldsymbol{E}$ 的秩 $r(\boldsymbol{A}-\lambda\boldsymbol{E})=n-k$,从而对应特征值 λ 恰有 k 个线性无关的特征向量.

也就是说,齐次方程组 $(\lambda\boldsymbol{I}-\boldsymbol{A})\boldsymbol{x}=\boldsymbol{0}$ 的基础解系必由 k 个线性无关的特别向量组成.

对实对称矩阵 $\boldsymbol{A}$，求正交矩阵 $\boldsymbol{Q}$，使 $\boldsymbol{Q}^{-1}\boldsymbol{A}\boldsymbol{Q}$ 成对角矩阵的一般步骤如下：

(1)求出 $\boldsymbol{A}$ 的全部特征值 $\lambda_1,\lambda_2,\cdots,\lambda_s$，设 λ_i 是 n_i 重根($i=1,2,\cdots,n$)；

(2)对 $\boldsymbol{A}$ 的每个特征值 λ_i，求出方程组 $(\lambda_i\boldsymbol{I}-\boldsymbol{A})\boldsymbol{x}=\boldsymbol{0}$ 的一个基础解系 $\boldsymbol{\xi}_{i1},\boldsymbol{\xi}_{i2},\cdots,\boldsymbol{\xi}_{in_i}$；

(3)将 $\boldsymbol{\xi}_{i1},\boldsymbol{\xi}_{i2},\cdots,\boldsymbol{\xi}_{in_i}$ 先正交化，再单位化，得到 $\boldsymbol{A}$ 的正交的特征向量 $\boldsymbol{\eta}_{i1},\boldsymbol{\eta}_{i2},\cdots,\boldsymbol{\eta}_{in_i}$；

(4)令矩阵 $\boldsymbol{Q}=(\boldsymbol{\eta}_{11},\boldsymbol{\eta}_{12},\cdots,\boldsymbol{\eta}_{1n_1},\boldsymbol{\eta}_{21},\boldsymbol{\eta}_{22},\cdots,\boldsymbol{\eta}_{2n_2}\cdots,\boldsymbol{\eta}_{s1},\boldsymbol{\eta}_{s2},\cdots,\boldsymbol{\eta}_{sn_s})$，则

$$\boldsymbol{Q}^{-1}\boldsymbol{A}\boldsymbol{Q}=\boldsymbol{Q}^{\mathrm{T}}\boldsymbol{A}\boldsymbol{Q}=\begin{pmatrix}\lambda_1&&&&&&&&\\&\ddots&&&&&&&\\&&\lambda_1&&&&&&\\&&&\lambda_2&&&&&\\&&&&\ddots&&&&\\&&&&&\lambda_2&&&\\&&&&&&\ddots&&\\&&&&&&&\lambda_s&\\&&&&&&&&\ddots\\&&&&&&&&&\lambda_s\end{pmatrix},$$

式中，λ_i 的个数为 $n_i(i=1,2,\cdots,s)$.

例 3　设 $\boldsymbol{A}=\begin{pmatrix}1&2&4\\2&-2&2\\4&2&1\end{pmatrix}$，求正交矩阵 $\boldsymbol{Q}$，使得 $\boldsymbol{Q}^{\mathrm{T}}\boldsymbol{A}\boldsymbol{Q}$ 为对角矩阵.

解　由 $|\lambda\boldsymbol{E}-\boldsymbol{A}|=\begin{vmatrix}\lambda-1&-2&-4\\-2&\lambda+2&-2\\-4&-2&\lambda-1\end{vmatrix}=(\lambda+3)^2(\lambda-6)=0$，得 $\boldsymbol{A}$ 的特征值为 $\lambda_1=\lambda_2=-3,\lambda_3=6$.

当 $\lambda_1=\lambda_2=-3$ 时，由 $(-3\boldsymbol{E}-\boldsymbol{A})\boldsymbol{X}=\boldsymbol{0}$，即

$$\begin{pmatrix}-4&-2&-4\\-2&-1&-2\\-4&-2&-4\end{pmatrix}\begin{pmatrix}x_1\\x_2\\x_3\end{pmatrix}=0,$$

得到它的一个基础解系

$$\boldsymbol{\alpha}_1=\begin{pmatrix}-1\\2\\0\end{pmatrix},\quad\boldsymbol{\alpha}_2=\begin{pmatrix}-1\\0\\2\end{pmatrix},$$

当 $\lambda_3=6$ 时，由 $(6\boldsymbol{E}-\boldsymbol{A})\boldsymbol{X}=\boldsymbol{0}$，即

$$\begin{pmatrix} 5 & -2 & -4 \\ -2 & 8 & -2 \\ -4 & -2 & 5 \end{pmatrix}\begin{pmatrix} x_1 \\ x_2 \\ x_3 \end{pmatrix}=0,$$

得到它的一个基础解系

$$\boldsymbol{\alpha}_3=\begin{pmatrix} 2 \\ 1 \\ 2 \end{pmatrix}.$$

令

$$\boldsymbol{\beta}_1=\boldsymbol{\alpha}_1=\begin{pmatrix} -1 \\ 2 \\ 0 \end{pmatrix},$$

$$\boldsymbol{\beta}_2=\boldsymbol{\alpha}_2-\frac{\langle \boldsymbol{\alpha}_2,\boldsymbol{\beta}_1\rangle}{\langle \boldsymbol{\beta}_1,\boldsymbol{\beta}_1\rangle}\boldsymbol{\beta}_1=\frac{1}{5}\begin{pmatrix} -4 \\ -2 \\ 5 \end{pmatrix},$$

$$\boldsymbol{\beta}_3=\boldsymbol{\alpha}_3=\begin{pmatrix} 2 \\ 1 \\ 2 \end{pmatrix},$$

则 $\boldsymbol{\beta}_1,\boldsymbol{\beta}_2,\boldsymbol{\beta}_3$ 两两正交.

令

$$\boldsymbol{\gamma}_1=\frac{1}{\|\boldsymbol{\beta}_1\|}\boldsymbol{\beta}_1=\frac{1}{\sqrt{5}}\begin{pmatrix} -1 \\ 2 \\ 0 \end{pmatrix},\quad \boldsymbol{\gamma}_2=\frac{1}{\|\boldsymbol{\beta}_2\|}\boldsymbol{\beta}_2=\frac{1}{3\sqrt{5}}\begin{pmatrix} -4 \\ -2 \\ 5 \end{pmatrix},\quad \boldsymbol{\gamma}_3=\frac{1}{\|\boldsymbol{\beta}_3\|}\boldsymbol{\beta}_3=\frac{1}{3}\begin{pmatrix} 2 \\ 1 \\ 2 \end{pmatrix},$$

则 $\boldsymbol{\gamma}_1,\boldsymbol{\gamma}_2,\boldsymbol{\gamma}_3$ 单位矩阵且两两正交.

令 $\boldsymbol{Q}=(\boldsymbol{\gamma}_1,\boldsymbol{\gamma}_2,\boldsymbol{\gamma}_3)$，则 $\boldsymbol{Q}$ 是正交矩阵，且 $\boldsymbol{Q}^{\mathrm{T}}\boldsymbol{A}\boldsymbol{Q}=\begin{pmatrix} -3 & 0 & 0 \\ 0 & -3 & 0 \\ 0 & 0 & 6 \end{pmatrix}$.

习　题　5

1. 求下列矩阵的特征值和特征向量.

(1) $\begin{pmatrix} 1 & -1 \\ 3 & 5 \end{pmatrix}$；　(2) $\begin{pmatrix} 1 & 2 & 3 \\ 2 & 1 & 3 \\ 3 & 3 & 6 \end{pmatrix}$；　(3) $\begin{pmatrix} a_1 \\ a_2 \\ \vdots \\ a_n \end{pmatrix}(a_1 \quad a_2 \quad \cdots \quad a_n)\ (a_1\neq 0)$；

(4) $\begin{pmatrix}1&3&1&2\\0&-1&1&3\\0&0&2&5\\0&0&0&2\end{pmatrix}$；　(5) $\begin{pmatrix}0&0&1\\0&1&0\\1&0&0\end{pmatrix}$；　(6) $\begin{pmatrix}2&1&1\\0&2&0\\0&-1&1\end{pmatrix}$.

2. 已知 λ_0 是 $\boldsymbol{A}$ 的一个特征值，求 $\boldsymbol{A}^2+2\boldsymbol{A}-\boldsymbol{E}$ 的一个特征值.

3. 试用施密特正交化方法把下列向量组正交化.

(1) $(\boldsymbol{\alpha}_1\quad\boldsymbol{\alpha}_2\quad\boldsymbol{\alpha}_3)=\begin{pmatrix}1&1&1\\1&2&4\\1&3&9\end{pmatrix}$；

(2) $(\boldsymbol{\alpha}_1\quad\boldsymbol{\alpha}_2\quad\boldsymbol{\alpha}_3)=\begin{pmatrix}1&1&-1\\0&-1&1\\-1&0&1\\1&1&0\end{pmatrix}$.

4. 设 $\boldsymbol{A}=\begin{pmatrix}1&4&2\\0&-3&4\\0&4&3\end{pmatrix}$，求 $\boldsymbol{A}^{100}$.

5. 求正交矩阵 $\boldsymbol{Q}$，使其可将下列实对称矩阵 $\boldsymbol{A}$ 化为对角矩阵.

(1) $\begin{pmatrix}2&-2&0\\-2&1&-2\\0&-2&0\end{pmatrix}$；(2) $\begin{pmatrix}2&2&-2\\2&5&-4\\-2&-4&5\end{pmatrix}$；

(3) $\begin{pmatrix}4&2&2\\2&4&2\\2&2&4\end{pmatrix}$；　(4) $\begin{pmatrix}1&2&4\\2&-2&2\\4&2&1\end{pmatrix}$.

本章小结

一、矩阵的特征值与特征向量的定义

(1)特征值与特征向量：设 $\boldsymbol{A}$ 是一个 n 阶矩阵，若存在数 λ 及 n 维非零列向量 $\boldsymbol{\alpha}=(a_1,\cdots,a_n)^{\mathrm{T}}$，使得 $\boldsymbol{A\alpha}=\lambda\boldsymbol{\alpha}$，则称 λ 为矩阵 $\boldsymbol{A}$ 的一个特征值，称非零列向量 $\boldsymbol{\alpha}$ 为 $\boldsymbol{A}$ 的对应于(或属于)特征值 λ 的特征向量.

(2)特征多项式：称关于 λ 的一元 n 次齐次线性方程组(5-2)或(5-3)为矩阵 $\boldsymbol{A}$ 的特征方程；称一元 n 次多项式 $f(\lambda)=|\lambda\boldsymbol{E}-\boldsymbol{A}|$ 为 $\boldsymbol{A}$ 的特征多项式.

二、矩阵特征值的性质

(1)设 n 阶矩阵 $\boldsymbol{A}$ 的全部特征值为 $\lambda_1,\lambda_2,\cdots,\lambda_n$，则有：

①$\lambda_1+\lambda_2+\cdots+\lambda_n=a_{11}+a_{22}+\cdots+a_{nn}$；

②$\lambda_1\lambda_2\cdots\lambda_n=|\boldsymbol{A}|$.

(2)设λ是n阶矩阵$\boldsymbol{A}$的特征值,$\boldsymbol{\alpha}$是$\boldsymbol{A}$的对应于λ的特征向量,则:

①n阶矩阵$\boldsymbol{A}$和它的转置矩阵$\boldsymbol{A}^{\mathrm{T}}$有相同的特征值;

②$r\lambda$为$r\boldsymbol{A}$的特征值,其中r为任意常数;λ^k为$\boldsymbol{A}^k$的特征值,其中k为任意正整数;

③设$\varphi(\boldsymbol{A})=a_0\boldsymbol{E}+a_1\boldsymbol{A}+\cdots+a_m\boldsymbol{A}^m$是矩阵$\boldsymbol{A}$的多项式,$\varphi(\lambda)=a_0+a_1\lambda+\cdots+a_m\lambda^m$是$\lambda$的多项式,则$\varphi(\lambda)$是$\varphi(\boldsymbol{A})$的特征值;

④当$\boldsymbol{A}$可逆时,有$\lambda\neq0$,且$\dfrac{1}{\lambda}$是$\boldsymbol{A}^{-1}$的特征值,$\dfrac{|\boldsymbol{A}|}{\lambda}$是$\boldsymbol{A}^*$的特征值.

三、矩阵的相似与对角化

(1)相似矩阵与矩阵对角化:设$\boldsymbol{A}$、$\boldsymbol{B}$都是n阶矩阵,如果存在一个n阶可逆矩阵$\boldsymbol{P}$,使得$\boldsymbol{P}^{-1}\boldsymbol{AP}=\boldsymbol{B}$,则称$\boldsymbol{A}$相似于$\boldsymbol{B}$或$\boldsymbol{A}$与$\boldsymbol{B}$相似;记作$\boldsymbol{A}\sim\boldsymbol{B}$.并称由$\boldsymbol{A}$到$\boldsymbol{B}=\boldsymbol{P}^{-1}\boldsymbol{AP}$的变换为一个相似变换.如果$\boldsymbol{A}$与一个对角矩阵相似,则称$\boldsymbol{A}$可相似对角化,简称为$\boldsymbol{A}$可对角化.

(2)相似矩阵的性质:

①自反性:$\boldsymbol{A}\sim\boldsymbol{A}$.

②对称性:若$\boldsymbol{A}\sim\boldsymbol{B}$,则$\boldsymbol{B}\sim\boldsymbol{A}$.

③传递性:若$\boldsymbol{A}\sim\boldsymbol{B}$,$\boldsymbol{B}\sim\boldsymbol{C}$,则$\boldsymbol{A}\sim\boldsymbol{C}$.

④设n阶矩阵$\boldsymbol{A}$与$\boldsymbol{B}$相似,则矩阵$\boldsymbol{A}$与$\boldsymbol{B}$的行列式相同、特征多项式相同,并且矩阵$\boldsymbol{A}$与$\boldsymbol{B}$的特征值也相同.

⑤如果n阶矩阵$\boldsymbol{A}$与$\boldsymbol{B}$相似,则:

$k\boldsymbol{A}\sim k\boldsymbol{B}$($k$为常数);

$\boldsymbol{A}^{\mathrm{T}}\sim\boldsymbol{B}^{\mathrm{T}}$;

$\boldsymbol{A}^m\sim\boldsymbol{B}^m$;

若$\boldsymbol{A}$,$\boldsymbol{B}$都可逆,则$\boldsymbol{A}^{-1}\sim\boldsymbol{B}^{-1}$;

$\varphi(\boldsymbol{A})\sim\varphi(\boldsymbol{B})$,$\varphi(\boldsymbol{A})$与$\varphi(\boldsymbol{B})$是为$\boldsymbol{A}$,$\boldsymbol{B}$同一个矩阵多项式.

⑥若n阶矩阵$\boldsymbol{A}$与对角矩阵$\boldsymbol{\Lambda}=\begin{pmatrix}\lambda_1&&&\\&\lambda_2&&\\&&\ddots&\\&&&\lambda_n\end{pmatrix}$相似,则$\lambda_1,\lambda_2,\cdots,\lambda_n$即是$\boldsymbol{A}$的$n$个特征值.

(3)矩阵可对角化的条件:

①矩阵可对角化的充要条件:n阶矩阵$\boldsymbol{A}$可对角化的充要条件是$\boldsymbol{A}$有n个线性无关的特征向量.

②矩阵可对角化的充分条件:若n阶矩阵$\boldsymbol{A}$的n个特征值互不相同(即$\boldsymbol{A}$的特

征值都是单特征值)，则 $\boldsymbol{A}$ 必与对角矩阵相似.

③矩阵可对角化的充要条件：n 阶矩阵 $\boldsymbol{A}$ 可对角化的充要条件是 $\boldsymbol{A}$ 的每个特征值的几何重数都等于它的代数重数.即

$\boldsymbol{A}\sim\boldsymbol{\Lambda}\Leftrightarrow\lambda_i$ 是 $\boldsymbol{A}$ 的 n_i 重特征值，则 λ_i 有 n_i 个线性无关的特征向量

$\Leftrightarrow$秩 $r(\lambda_i\boldsymbol{E}-\boldsymbol{A})=n-n_i$，$\lambda_i$ 为 n_i 重特征值.

四、正交变换与实对称矩阵对角化

(1)如果 n 阶矩阵 $\boldsymbol{A}$ 中，对于任意的 $i,j=1,2,\cdots,n$，均有 $a_{ij}=a_{ji}$，即 $\boldsymbol{A}=\boldsymbol{A}^{\mathrm{T}}$，则称 $\boldsymbol{A}$ 为对称矩阵.对称的实矩阵称为实对称矩阵.

(2)实对称矩阵的性质：实对称矩阵的特征值都是实数.

(3)实对称矩阵 $\boldsymbol{A}$ 的不同特征值所对应的特征向量正交.

(4)设 $\boldsymbol{A}$ 为 n 阶实对称矩阵，则必存在正交矩阵 $\boldsymbol{P}$，使 $\boldsymbol{P}^{-1}\boldsymbol{A}\boldsymbol{P}=\boldsymbol{P}^{\mathrm{T}}\boldsymbol{A}\boldsymbol{P}=\boldsymbol{\Lambda}$.

(5)设 λ 为实对称矩阵 $\boldsymbol{A}$ 的特征值，则 λ 是 $\boldsymbol{A}$ 的特征方程 k 重根，则矩阵 $\boldsymbol{A}-\lambda\boldsymbol{E}$ 的秩 $r(\boldsymbol{A}-\lambda\boldsymbol{E})=n-k$，从而对应特征值 λ 恰有 k 个线性无关的特征向量.

测试题 5

一、填空题

1.矩阵 $\boldsymbol{A}=\begin{pmatrix}1&1&1&1\\1&1&1&1\\1&1&1&1\\1&1&1&1\end{pmatrix}$ 的非零特征值是________.

2.已知 4 阶矩阵 $\boldsymbol{A}\sim\boldsymbol{B}$，$\boldsymbol{A}$ 的特征值为 2，3，4，5.$\boldsymbol{E}$ 为 4 阶单位矩阵，则 $|\boldsymbol{E}-\boldsymbol{B}|=$________.

3.设 A 是 4 阶矩阵，已知 $|3\boldsymbol{E}+\boldsymbol{A}|=0$，$\boldsymbol{A}\boldsymbol{A}^{\mathrm{T}}=2\boldsymbol{E}$，$|\boldsymbol{A}|<0$，则 $\boldsymbol{A}$ 的伴随矩阵 $\boldsymbol{A}^*$ 的特征值为一个特征值为________.

二、选择题

1.设 $\lambda=2$ 是非奇异矩阵 $\boldsymbol{A}$ 的一个特征值，则矩阵 $\left(\frac{1}{3}\boldsymbol{A}^2\right)^{-1}$ 的一个特征值等于(　　).

A. $\frac{4}{3}$　　B. $\frac{3}{4}$　　C. $\frac{1}{2}$　　D. $\frac{1}{4}$

2.设 a 是 n 阶可逆矩阵 $\boldsymbol{A}$ 属于特征值 λ 的特征向量，在下列矩阵中不是它的特征向量的矩阵是(　　).

A. $(\boldsymbol{A}+\boldsymbol{E})^2$　　B. $-3\boldsymbol{A}$　　C. $\boldsymbol{A}^*$　　D. $\boldsymbol{A}^{\mathrm{T}}$

3. n 阶矩阵 $\boldsymbol{A}$ 有 n 个不同的特征值是矩阵 $\boldsymbol{A}$ 与对角阵相似的(　　).

A. 充分必要条件　　B. 充分而非必要条件

C. 必要而非充分　　D. 既非充分也非必要

4. 设矩阵 $\boldsymbol{B}=\begin{pmatrix}0&0&0&0\\0&3&0&0\\0&0&-1&2\\0&0&2&2\end{pmatrix}$,矩阵相似,则 $r(\boldsymbol{A}-\boldsymbol{E})+r(\boldsymbol{A}-3\boldsymbol{E})=$(　　).

A. 6　　B. 7　　C. 5　　D. 4

三、解答题

1. 求 $\boldsymbol{A}=\begin{pmatrix}0&-1&-1\\-1&0&-1\\-1&-1&0\end{pmatrix}$ 的特征值与特征向量.

2. 设矩阵 $\boldsymbol{A}=\begin{pmatrix}1&-2&-4\\-2&x&-2\\-4&-2&1\end{pmatrix}$ 与 $\boldsymbol{B}=\begin{pmatrix}5&&\\&-4&\\&&y\end{pmatrix}$ 相似,求 x,y,并求一个正交矩阵 $\boldsymbol{P}$,使 $\boldsymbol{P}^{-1}\boldsymbol{A}\boldsymbol{P}=\boldsymbol{B}$.

3. 设 $\boldsymbol{A},\boldsymbol{B}$ 都是 n 阶方阵,且 $|\boldsymbol{A}|\neq 0$,证明:$\boldsymbol{AB}$ 与 $\boldsymbol{BA}$ 相似.

4. 已知 $\boldsymbol{A}=\begin{pmatrix}1&0&0\\0&4&-2\\0&10&-5\end{pmatrix}$,求 $\boldsymbol{A}^{10}$.

5. 设 $\boldsymbol{A}=\begin{pmatrix}1&2&1\\2&4&2\\1&2&1\end{pmatrix}$,求一正交矩阵 $\boldsymbol{P}$,使 $\boldsymbol{P}^{-1}\boldsymbol{A}\boldsymbol{P}=\boldsymbol{\Lambda}$ 为对角矩阵.

6. 已知 $\boldsymbol{A}=\begin{pmatrix}2&0&0\\0&0&1\\0&1&a\end{pmatrix}$ 与 $\boldsymbol{B}=\begin{pmatrix}2&0&0\\0&b&0\\0&0&-1\end{pmatrix}$ 相似.

(1)求 a,b 的值;(2)求可逆矩阵 $\boldsymbol{P}$,使 $\boldsymbol{P}^{-1}\boldsymbol{A}\boldsymbol{P}=\boldsymbol{B}$ 为对角矩阵.

第6章

二　次　型

学习目标：

(1)了解二次型的基本理论；

(2)会将二次型化为标准形；

(3)理解正定二次型的概念并判别正定二次型.

6.1　二次型及其标准形

6.1.1　二次型的定义与矩阵表示

在解析几何中，二次曲线的一般方程为

$$ax^2+2bxy+cy^2+2dx+2ey+f=0,$$

其中 $\varphi(x,y)=ax^2+2bxy+cy^2$ 是一个二元二次齐次多项式. 二次齐次多项式不仅在几何问题中出现，而且在数学的其他分支及物理、力学和网络计算中也常会碰到. 为了应用和研究的需要，我们需要将二次型的概念拓展到 n 元，并研究 n 元二次型的基本理论.

定义 6.1　n 元变量 $x_1,x_2,\cdots,x_n$ 的二次齐次多项式

$$\begin{aligned}f(x_1,x_2,\cdots,x_n)=&a_{11}x_1^2+2a_{12}x_1x_2+2a_{13}x_1x_3+\cdots+2a_{1n}x_1x_n\\&+a_{22}x_2^2+2a_{23}x_2x_3+\cdots+2a_{2n}x_2x_n+\cdots+a_{nn}x_n^2\end{aligned}\tag{6-1}$$

称为 n 元二次型. 当系数 $a_{ij}\,(i,j=1,2,\cdots,n)$ 是复数时，f 为复二次型；当系数 a_{ij} 是实数时，f 为实二次型. 本只研究实二次型，将其称为二次型.

在二次型的讨论中，矩阵是一个有力的工具. 下面用矩阵表示二次型.

定义 6.2　令 $a_{ij}=a_{ji}\,(i,j=1,2,\cdots,n)$，并利用矩阵乘法，就可将 f 写成

$$f(x_1,x_2,\cdots,x_n)=(x_1,x_2,\cdots,x_n)\begin{pmatrix}a_{11}x_1+a_{12}x_2+\cdots+a_{1n}x_n\\a_{21}x_1+a_{22}x_2+\cdots+a_{2n}x_n\\\cdots\cdots\\a_{n1}x_1+a_{n2}x_2+\cdots+a_{nn}x_n\end{pmatrix}$$

$$=(x_1,x_2,\cdots,x_n)\begin{pmatrix}a_{11}&a_{12}&\cdots&a_{1n}\\a_{21}&a_{22}&\cdots&a_{2n}\\\vdots&\vdots&&\vdots\\a_{n1}&a_{n2}&\cdots&a_{nn}\end{pmatrix}\begin{pmatrix}x_1\\x_2\\\vdots\\x_n\end{pmatrix}=\boldsymbol{x}^{\mathrm{T}}\boldsymbol{A}\boldsymbol{x},\qquad(6\text{-}2)$$

其中 $\boldsymbol{x}=\begin{pmatrix}x_1\\x_2\\\vdots\\x_n\end{pmatrix}$，$\boldsymbol{A}=\begin{pmatrix}a_{11}&a_{12}&\cdots&a_{1n}\\a_{21}&a_{22}&\cdots&a_{2n}\\\vdots&\vdots&&\vdots\\a_{n1}&a_{n2}&\cdots&a_{nn}\end{pmatrix}$，称矩阵 $\boldsymbol{A}$ 为二次型矩阵. 显然 $\boldsymbol{A}^{\mathrm{T}}=\boldsymbol{A}$，即二次型矩阵都是对称矩阵，矩阵 $\boldsymbol{A}$ 的秩为二次型的秩.

由上所述，二次型 f 的矩阵 $\boldsymbol{A}$ 由 f 唯一确定，所以，给定一个 n 元二次型，也就给定了一个 n 阶实对称矩阵；反过来，任给一个 n 阶实对称矩阵 $\boldsymbol{A}$，也可由式(6-2)唯一确定一个 n 元二次型. 这样，就在 n 元二次型和 n 阶实对称矩阵之间建立了一一对应关系.

例 1 设二次型 $f(x_1,x_2,x_3)=x_1^2+5x_2^2+2x_3^2+4x_1x_2+2x_1x_3+2ax_2x_3$ 的秩为 2，求常数 a 的值.

解 令 $\boldsymbol{A}=\begin{pmatrix}1&2&1\\2&5&a\\1&a&2\end{pmatrix}$，$\boldsymbol{X}=\begin{pmatrix}x_1\\x_2\\x_3\end{pmatrix}$，则 $f=\boldsymbol{X}^{\mathrm{T}}\boldsymbol{A}\boldsymbol{X}$.

因为二次型 $f=\boldsymbol{X}^{\mathrm{T}}\boldsymbol{A}\boldsymbol{X}$ 的秩为 2，所以 $r(\boldsymbol{A})=2$.

又

$$\boldsymbol{A}=\begin{pmatrix}1&2&1\\2&5&a\\1&a&2\end{pmatrix}\to\begin{pmatrix}1&2&1\\0&1&a-2\\0&a-2&1\end{pmatrix},$$

于是

$$\frac{1}{a-2}=\frac{a-2}{1},$$

即

$$a=1 \text{ 或 } a=3.$$

6.1.2 二次型的标准形

为了便于研究二次曲线的几何性质，可以选择适当的坐标旋转变换，将二次曲线转换成一个较简单的二次齐次多项式. 例如，二次曲线 $f(x,y)=x^2+6xy+y^2$，如果将 $\boldsymbol{x}=\begin{pmatrix}x_1\\x_2\end{pmatrix}$ 看成平面直角坐标系中点的坐标，则满足方程 $f(x,y)=1$ 的点就

描绘出一条平面曲线.如果作变量的线性变换

$$\begin{cases} x_1=\dfrac{1}{\sqrt{2}}u-\dfrac{1}{\sqrt{2}}v \\ x_2=\dfrac{1}{\sqrt{2}}u+\dfrac{1}{\sqrt{2}}v \end{cases},$$

或

$$\boldsymbol{x}=\boldsymbol{C}\boldsymbol{y},$$

其中，$\boldsymbol{x}=(x_1,x_2)^{\mathrm{T}}$，$\boldsymbol{y}=(u,v)^{\mathrm{T}}$，$\boldsymbol{C}=\begin{pmatrix} \dfrac{1}{\sqrt{2}} & -\dfrac{1}{\sqrt{2}} \\ \dfrac{1}{\sqrt{2}} & \dfrac{1}{\sqrt{2}} \end{pmatrix}$为可逆矩阵，使得曲线的方程

变为

$$4u^2-2v^2=1.$$

此方程左端只含变量的平方项而不含变量的交叉乘积项.

定义 6.3　关系式

$$\begin{cases} x_1=c_{11}y_1+c_{12}y_2+\cdots+c_{1n}y_n \\ x_2=c_{21}y_1+c_{22}y_2+\cdots+c_{2n}y_n \\ \cdots\cdots \\ x_n=c_{n1}y_1+c_{n2}y_2+\cdots+c_{nn}y_n \end{cases}, \tag{6-3}$$

其中，$\boldsymbol{x}=(x_1,\cdots,x_n)^{\mathrm{T}}$，$\boldsymbol{y}=(y_1,\cdots,y_n)^{\mathrm{T}}$，$\boldsymbol{C}=\begin{pmatrix} c_{11} & c_{12} & \cdots & c_{1n} \\ c_{21} & c_{22} & \cdots & c_{2n} \\ \vdots & \vdots & & \vdots \\ c_{n1} & c_{n2} & \cdots & c_{nn} \end{pmatrix}$，即有 $\boldsymbol{x}=\boldsymbol{C}\boldsymbol{y}$，则

称关系式为由变量 $x_1,\cdots,x_n$ 到 $y_1,\cdots,y_n$ 的一个线性变换，简称线性变换.当 $|\boldsymbol{C}|\neq 0$ 时，为可逆线性变换.

定义 6.4　通过变换(6-3)，能把二次型 $f=\boldsymbol{x}^{\mathrm{T}}\boldsymbol{A}\boldsymbol{x}$ 化成只含变量的平方项(而不含变量的交叉乘积项)的形式

$$f=d_1y_1^2+d_2y_2^2+\cdots+d_ny_n^2 \tag{6-4}$$

并称式(6-4)右端为二次型 f 的标准形.

显然，标准形(6-4)的矩阵是对角矩阵 $\boldsymbol{B}=\mathrm{diag}(d_1,d_2,\cdots,d_n)$.

6.1.3　矩阵的合同关系

二次型 $f=\boldsymbol{x}^{\mathrm{T}}\boldsymbol{A}\boldsymbol{x}$ 经变换 $\boldsymbol{x}=\boldsymbol{C}\boldsymbol{y}$ 化成了标准形 $f=\boldsymbol{y}^{\mathrm{T}}\boldsymbol{B}\boldsymbol{y}$，其中 $\boldsymbol{B}$ 为对角矩阵.

$$f=\boldsymbol{x}^{\mathrm{T}}\boldsymbol{A}\boldsymbol{x}\xlongequal{x=Cy}\boldsymbol{y}^{\mathrm{T}}(\boldsymbol{C}^{\mathrm{T}}\boldsymbol{A}\boldsymbol{C})\boldsymbol{y}=\boldsymbol{y}^{\mathrm{T}}\boldsymbol{B}\boldsymbol{y}, \tag{6-5}$$

这样就有

$$\boldsymbol{C}^{\mathrm{T}}\boldsymbol{A}\boldsymbol{C}=\boldsymbol{B}. \tag{6-6}$$

定义 6.5 设 $\boldsymbol{A}$ 和 $\boldsymbol{B}$ 是 n 阶矩阵,若有可逆矩阵 $\boldsymbol{C}$,使 $\boldsymbol{C}^{\mathrm{T}}\boldsymbol{AC}=\boldsymbol{B}$,则称矩阵 $\boldsymbol{A}$ 与 $\boldsymbol{B}$ 合同.

性质 6.1(合同关系的性质)

(1)反身性:$\boldsymbol{A}$ 与 $\boldsymbol{A}$ 合同;

(2)对称性:若 $\boldsymbol{A}$ 与 $\boldsymbol{B}$ 合同,则 $\boldsymbol{B}$ 与 $\boldsymbol{A}$ 合同;

(3)传递性:若 $\boldsymbol{A}$ 与 $\boldsymbol{B}$ 合同,$\boldsymbol{B}$ 与 $\boldsymbol{C}$ 合同,则 $\boldsymbol{A}$ 与 $\boldsymbol{C}$ 合同.

定理 6.1 设 $\boldsymbol{A}$ 为对称矩阵,且 $\boldsymbol{A}$ 与 $\boldsymbol{B}$ 合同,则 $\boldsymbol{B}$ 也为对称矩阵,且 $r(\boldsymbol{A})=r(\boldsymbol{B})$.

证明 因为 $\boldsymbol{A}$ 为对称矩阵,且 $\boldsymbol{A}$ 与 $\boldsymbol{B}$ 合同,所以存在可逆矩阵 $\boldsymbol{C}$,使得 $\boldsymbol{C}^{\mathrm{T}}\boldsymbol{AC}=\boldsymbol{B}$,于是

$$\boldsymbol{B}^{\mathrm{T}}=(\boldsymbol{C}^{\mathrm{T}}\boldsymbol{AC})^{\mathrm{T}}=\boldsymbol{C}^{\mathrm{T}}\boldsymbol{A}^{\mathrm{T}}(\boldsymbol{C}^{\mathrm{T}})^{\mathrm{T}}=\boldsymbol{C}^{\mathrm{T}}\boldsymbol{AC}=\boldsymbol{B},$$

即 $\boldsymbol{B}$ 为对称矩阵.

由于 $\boldsymbol{B}=\boldsymbol{C}^{\mathrm{T}}\boldsymbol{AC}$,有 $r(\boldsymbol{B})\leqslant r(\boldsymbol{A})$,同时 $\boldsymbol{A}=(\boldsymbol{C}^{\mathrm{T}})^{-1}\boldsymbol{BC}^{-1}$,从而 $r(\boldsymbol{A})\leqslant r(\boldsymbol{B})$.

综上,$r(\boldsymbol{A})=r(\boldsymbol{B})$.

例 2 证明:矩阵 $\boldsymbol{A}=\begin{pmatrix}1&0\\0&2\end{pmatrix}$,$\boldsymbol{B}=\begin{pmatrix}1&0\\0&4\end{pmatrix}$等价、合同但不相似.

解 因为秩 $r(\boldsymbol{A})=r(\boldsymbol{B})$,所以 $\boldsymbol{A}$ 与 $\boldsymbol{B}$ 等价. 由于 $\boldsymbol{A}$ 与 $\boldsymbol{B}$ 特征值不相同,所以 $\boldsymbol{A}$ 与 $\boldsymbol{B}$ 不相似.

因为 $\boldsymbol{x}^{\mathrm{T}}\boldsymbol{Ax}=x_1^2+2x_2^2$ 与 $\boldsymbol{x}^{\mathrm{T}}\boldsymbol{Bx}=x_1^2+4x_2^2$ 有相同的正、负惯性指数,所以 $\boldsymbol{A}$ 与 $\boldsymbol{B}$ 合同.

例 3 设 A 为 3 阶实对称矩阵,将 $\boldsymbol{A}$ 的第 1 行元素乘 2 得到矩阵 $\boldsymbol{B}$,再将矩阵 $\boldsymbol{B}$ 的第 1 列元素乘 2 得到矩阵 $\boldsymbol{C}$,若矩阵 $\boldsymbol{A}$ 可逆,证明:矩阵 $\boldsymbol{A}^{-1}$ 与矩阵 $\boldsymbol{C}^{-1}$ 合同但不相似.

证明 因为 $\boldsymbol{A}$ 为实对称矩阵,且可逆,则 $(\boldsymbol{A}^{-1})^{\mathrm{T}}=(\boldsymbol{A}^{\mathrm{T}})^{-1}=\boldsymbol{A}^{-1}$,即 $\boldsymbol{A}^{-1}$ 为实对称矩阵.

将矩阵 $\boldsymbol{A}$ 的第 1 行元素乘 2 得到矩阵 $\boldsymbol{B}$,则有 $\boldsymbol{PA}=\boldsymbol{B}$,其中 $\boldsymbol{P}=\begin{pmatrix}2&0&0\\0&1&0\\0&0&1\end{pmatrix}$.

再将矩阵 $\boldsymbol{B}$ 的第 1 列元素乘 2 得到矩阵 $\boldsymbol{C}$,则有 $\boldsymbol{BP}=\boldsymbol{C}$,从而 $\boldsymbol{PAP}=\boldsymbol{C}$,故 $\boldsymbol{P}^{-1}\boldsymbol{A}^{-1}\boldsymbol{P}^{-1}=\boldsymbol{C}^{-1}$.

由于 $\boldsymbol{P}=\boldsymbol{P}^{\mathrm{T}}$,所以 $(\boldsymbol{P}^{-1})^{\mathrm{T}}\boldsymbol{A}^{-1}\boldsymbol{P}^{-1}=\boldsymbol{C}^{-1}$,故矩阵 $\boldsymbol{A}^{-1}$ 与矩阵 $\boldsymbol{C}^{-1}$ 是合同的.

由于 $|\boldsymbol{C}|=|\boldsymbol{PAP}|=|\boldsymbol{P}||\boldsymbol{A}||\boldsymbol{P}|=4|\boldsymbol{A}|$,故 $|\boldsymbol{C}^{-1}|\neq|\boldsymbol{A}^{-1}|$,所以矩阵 $\boldsymbol{A}^{-1}$ 与矩阵 $\boldsymbol{C}^{-1}$ 不相似.

6.2　化二次为标准形

6.2.1　用正交变换化二次型为标准形

在上一节，可以看到，如果将二次型化为标准型，就是要找到可逆矩阵 $\boldsymbol{C}$，使得 $\boldsymbol{C}^{\mathrm{T}}\boldsymbol{A}\boldsymbol{C}=\boldsymbol{B}$，这里矩阵 $\boldsymbol{B}$ 是一个对角矩阵，因为二次型矩阵都是对称矩阵，由定理 5.7知道，对任何实对称矩阵 $\boldsymbol{A}$，总存在正交矩阵 $\boldsymbol{P}$，使得 $\boldsymbol{P}^{-1}\boldsymbol{A}\boldsymbol{P}=\boldsymbol{P}^{\mathrm{T}}\boldsymbol{A}\boldsymbol{P}$ 成为对角矩阵. 于是，得到如下定理：

定理 6.2　对于二次型 $f(x)=\boldsymbol{x}^{\mathrm{T}}\boldsymbol{A}\boldsymbol{x}$，总存在正交变换 $\boldsymbol{x}=\boldsymbol{P}\boldsymbol{y}$（$\boldsymbol{P}$ 为正交矩阵），使得用它可将 f 化成标准形

$$f=\lambda_1 y_1^2+\lambda_2 y_2^2+\cdots+\lambda_n y_n^2, \tag{6-7}$$

式中，$\lambda_1,\lambda_2,\cdots,\lambda_n$ 为 $\boldsymbol{A}$ 的全部特征值.

用正交变换法将二次型化为标准型的步骤如下：

(1)将二次型表示成矩阵形式 $f(x_1,x_2,\cdots,x_n)=\boldsymbol{x}^{\mathrm{T}}\boldsymbol{A}\boldsymbol{x}$；

(2)求 $\boldsymbol{A}$ 的全部特征值；

(3)求 $\boldsymbol{A}$ 的全部特征值所对应的特征向量；

(4)不同特征值所对应的特征向量正交，重特征值对应的特征向量若不正交，用施密特正交化方法正交化；

(5)将全部特征向量单位化，设为 $\boldsymbol{\eta}_1,\boldsymbol{\eta}_2,\cdots,\boldsymbol{\eta}_n$；

(6)构造正交矩阵 $\boldsymbol{P}=(\boldsymbol{\eta}_1,\boldsymbol{\eta}_2,\cdots,\boldsymbol{\eta}_n)$；

(7)令 $\boldsymbol{x}=\boldsymbol{P}\boldsymbol{y}$，则 $f(x_1,x_2,\cdots,x_n)=\boldsymbol{x}^{\mathrm{T}}\boldsymbol{A}\boldsymbol{x}=\boldsymbol{y}^{\mathrm{T}}\boldsymbol{P}^{\mathrm{T}}\boldsymbol{A}\boldsymbol{P}\boldsymbol{y}=\boldsymbol{y}^{\mathrm{T}}\boldsymbol{\Lambda}\boldsymbol{y}=\lambda_1 y_1^2+\lambda_2 y_2^2+\cdots+\lambda_n y_n^2$.

例 1　用正交变换将二次型 $f(x_1,x_2,x_3)=17x_1^2+14x_2^2+14x_3^2-4x_1x_2-4x_1x_3-3x_2x_3$ 化为标准形.

解　令 $\boldsymbol{A}=\begin{pmatrix}17&-2&-2\\-2&14&-4\\-2&-4&14\end{pmatrix}$，$\boldsymbol{X}=\begin{pmatrix}x_1\\x_2\\x_3\end{pmatrix}$，$f(x_1,x_2,x_3)=\boldsymbol{X}^{\mathrm{T}}\boldsymbol{A}\boldsymbol{X}$，由

$$|\lambda\boldsymbol{E}-\boldsymbol{A}|=\begin{vmatrix}\lambda-17&2&2\\2&\lambda-14&4\\2&4&\lambda-14\end{vmatrix}=(\lambda-9)(\lambda-18)^2=0,$$

得 $\lambda_1=9,\lambda_2=\lambda_3=18$.

当 $\lambda_1=9$ 时，解方程 $(9\boldsymbol{E}-\boldsymbol{A})\boldsymbol{X}=\boldsymbol{0}$ ，即

$$\begin{pmatrix} -8 & 2 & 2 \\ 2 & -5 & 4 \\ 2 & 4 & -5 \end{pmatrix}\begin{pmatrix} x_1 \\ x_2 \\ x_3 \end{pmatrix}=0,$$

得到它的一个基础解系

$$\boldsymbol{\alpha}_1=\begin{pmatrix} 1 \\ 2 \\ 2 \end{pmatrix};$$

当 $\lambda_2=\lambda_3=18$ 时,解方程 $(18\boldsymbol{E}-\boldsymbol{A})\boldsymbol{X}=\boldsymbol{0}$,即

$$\begin{pmatrix} 1 & 2 & 2 \\ 2 & 4 & 4 \\ 2 & 4 & 4 \end{pmatrix}\begin{pmatrix} x_1 \\ x_2 \\ x_3 \end{pmatrix}=0,$$

得到它的一个基础解系

$$\boldsymbol{\alpha}_2=\begin{pmatrix} -2 \\ 1 \\ 0 \end{pmatrix},\quad \boldsymbol{\alpha}_3=\begin{pmatrix} -2 \\ 0 \\ 1 \end{pmatrix}.$$

令

$$\boldsymbol{\beta}_1=\boldsymbol{\alpha}_1=\begin{pmatrix} 1 \\ 2 \\ 2 \end{pmatrix},$$

$$\boldsymbol{\beta}_2=\boldsymbol{\alpha}_2=\begin{pmatrix} -2 \\ 1 \\ 0 \end{pmatrix},$$

$$\boldsymbol{\beta}_3=\boldsymbol{\alpha}_3-\frac{\langle\boldsymbol{\alpha}_3,\boldsymbol{\beta}_2\rangle}{\langle\boldsymbol{\beta}_2,\boldsymbol{\beta}_2\rangle}\boldsymbol{\beta}_2=\frac{1}{5}\begin{pmatrix} -2 \\ -4 \\ 5 \end{pmatrix},$$

则 $\boldsymbol{\beta}_1,\boldsymbol{\beta}_2,\boldsymbol{\beta}_3$ 两两正交.

令

$$\boldsymbol{\gamma}_1=\frac{\boldsymbol{\beta}_1}{\|\boldsymbol{\beta}_1\|}=\frac{1}{3}\begin{pmatrix} 1 \\ 2 \\ 2 \end{pmatrix},\quad \boldsymbol{\gamma}_2=\frac{\boldsymbol{\beta}_2}{\|\boldsymbol{\beta}_2\|}=\frac{1}{\sqrt{5}}\begin{pmatrix} -2 \\ 1 \\ 0 \end{pmatrix},\quad \boldsymbol{\gamma}_3=\frac{\boldsymbol{\beta}_3}{\|\boldsymbol{\beta}_3\|}=\frac{1}{3\sqrt{5}}\begin{pmatrix} -2 \\ -4 \\ 5 \end{pmatrix},$$

则 $\boldsymbol{\gamma}_1,\boldsymbol{\gamma}_2,\boldsymbol{\gamma}_3$ 单位矩阵且两两正交.

令 $\boldsymbol{Q}=(\boldsymbol{\gamma}_1,\boldsymbol{\gamma}_2,\boldsymbol{\gamma}_3)$,则 $f(x_1,x_2,x_3)=\boldsymbol{X}^{\mathrm{T}}\boldsymbol{A}\boldsymbol{X}=9y_1^2+18y_2^2+18y_3^2$.

例 2 设二次型 $f(x_1,x_2,x_3)=\boldsymbol{X}^{\mathrm{T}}\boldsymbol{A}\boldsymbol{X}$,$\boldsymbol{A}$ 的主对角线上元素之和为 3,又 $\boldsymbol{AB}+\boldsymbol{B}=\boldsymbol{O}$,其中

$$B=\begin{pmatrix}1&0&1\\0&1&1\\-1&-1&-2\end{pmatrix}.$$

(1)求正交变换 $X=QY$ 将二次型化为标准形；

(2)求矩阵 A.

解 (1)由 $AB+B=O$ 得 $(E+A)B=O$,从而 $r(E+A)+r(B)\leqslant 3$.
因为 $r(B)=2$,所以 $r(E+A)\leqslant 1$,从而 $\lambda=-1$ 为 A 的特征值且不低于 2 重.
显然 $\lambda=-1$ 不可能为三重特征值,则 A 的特征值为 $\lambda_1=\lambda_2=-1,\lambda_3=5$.

由 $(E+A)B=O$,即解方程 $(E+A)X=O$,得 $\alpha_1=\begin{pmatrix}1\\0\\-1\end{pmatrix},\alpha_2=\begin{pmatrix}0\\1\\-1\end{pmatrix}$ 为 $\lambda_1=\lambda_2=-1$ 对应的线性无关解.

令 $\alpha_3=\begin{pmatrix}x_1\\x_2\\x_3\end{pmatrix}$ 为 $\lambda_3=5$ 对应的特征向量.

因为 $A^{\mathrm T}=A$,所以 $\begin{cases}\alpha_1^{\mathrm T}\alpha_3=0,\\\alpha_2^{\mathrm T}\alpha_3=0,\end{cases}$ 即 $\begin{cases}x_1-x_3=0,\\x_2-x_3=0,\end{cases}$ 解得 $\alpha_3=\begin{pmatrix}1\\1\\1\end{pmatrix}$.

令

$$\beta_1=\begin{pmatrix}1\\0\\-1\end{pmatrix},$$

$$\beta_2=\alpha_2-\frac{\langle\alpha_2,\alpha_1\rangle}{\langle\alpha_1,\alpha_1\rangle}\alpha_1=\frac{1}{2}\begin{pmatrix}-1\\2\\1\end{pmatrix},$$

$$\beta_3=\begin{pmatrix}1\\1\\1\end{pmatrix},$$

则 β_1,β_2,β_3 两两正交,再单位化得

$$\gamma_1=\frac{1}{\sqrt2}\begin{pmatrix}1\\0\\-1\end{pmatrix},\quad \gamma_2=\frac{1}{\sqrt6}\begin{pmatrix}-1\\2\\-1\end{pmatrix},\quad \gamma_3=\frac{1}{\sqrt3}\begin{pmatrix}1\\1\\1\end{pmatrix}.$$

令 $Q=(\gamma_1,\gamma_2,\gamma_3)$,则 $f=X^{\mathrm T}AX=-y_1^2-y_2^2+5y_3^2$.

(2)由 $Q^{\mathrm T}AQ=\begin{pmatrix}-1&0&0\\0&-1&0\\0&0&5\end{pmatrix}$,得 $A=Q\begin{pmatrix}-1&0&0\\0&-1&0\\0&0&5\end{pmatrix}Q^{\mathrm T}=\begin{pmatrix}1&2&2\\2&1&2\\2&2&1\end{pmatrix}$.

6.2.2 用配方法化二次型为标准形

配方法就是中学代数中所讲的把二次齐次多项式配成完全平方和的方法，它是化二次型为标准形的另一种方法.我们举例说明这种方法.

配方法化二次型为标准形：

(1)若二次型中含有某个变量 x_i 的平方项 x_i^2，则先将含有 x_i 的项合在一起，配成完全平方项，再继续按此方法配方；

(2)若二次型中不含有任何变量的完全平方项，则应先做线性变换，使二次型含有新变量的平方项，化为情形(1).

例 3 求二次型 $f(x_1,x_2,x_3)=4x_2^2-3x_3^2+4x_1x_2-4x_1x_3+8x_2x_3$ 的标准形和规范形，并写出所做的可逆线性变换.

解 首先将含有 x_i^2 的各项合并在一起，即

$$\begin{aligned}f(x_1,x_2,x_3)&=4x_2^2-3x_3^2+4x_1x_2-4x_1x_3+8x_2x_3\\&=(4x_2^2+4x_1x_2+8x_2x_3)-3x_3^2-4x_1x_3\\&=(x_1+2x_2+2x_3)^2-x_1^2-7x_3^2-8x_1x_3.\end{aligned}$$

然后将含有 x_1 的各项合并在一起，得

$$\begin{aligned}f(x_1,x_2,x_3)&=(x_1+2x_2+2x_3)^2-x_1^2-7x_3^2-8x_1x_3\\&=(x_1+2x_2+2x_3)^2-(x_1^2+8x_1x_3)-7x_3^2\\&=(x_1+2x_2+2x_3)^2-(x_1+4x_3)^2+9x_3^2.\end{aligned}$$

令

$$\begin{cases}y_1=x_1+2x_2+2x_3\\y_2=x_1+4x_3\\y_3=x_3\end{cases},$$

得到二次型的标准形为 $f=y_1^2-y_2^2+9y_3^2$.解关于 x 的方程，得

$$\begin{cases}x_1=y_2-4y_3,\\x_2=\dfrac{1}{2}y_1-\dfrac{1}{2}y_2+y_3,\\x_3=y_3,\end{cases}$$

得到所做的可逆线性替换为 $\boldsymbol{x}=\boldsymbol{C}_1\boldsymbol{y}$，其中

$$\boldsymbol{C}_1=\begin{pmatrix}0&1&-4\\\dfrac{1}{2}&-\dfrac{1}{2}&1\\0&0&1\end{pmatrix}.$$

继续对标准形做可逆线性替换，令

$$\begin{cases} z_1 = y_1 \\ z_2 = 3y_3 \\ z_3 = y_2 \end{cases} \Rightarrow \begin{cases} y_1 = z_1 \\ y_2 = z_3 \\ y_3 = \dfrac{1}{3} z_2 \end{cases},$$

得到二次型的规范形为

$$f = z_1^2 + z_2^2 - z_3^2.$$

由 $\boldsymbol{y}$ 到 $\boldsymbol{z}$ 的可逆线性变换为 $\boldsymbol{y} = \boldsymbol{C}_2 \boldsymbol{z}$，得

$$\boldsymbol{C}_2 = \begin{pmatrix} 1 & 0 & 0 \\ 0 & 0 & 1 \\ 0 & \dfrac{1}{3} & 0 \end{pmatrix}.$$

于是，对应的由 $\boldsymbol{x}$ 到 $\boldsymbol{z}$ 的线性替换为 $\boldsymbol{x} = \boldsymbol{C}_1 \boldsymbol{y} = (\boldsymbol{C}_1 \boldsymbol{C}_2) \boldsymbol{z}$，所以由变量 x_1, x_2, x_3 到 z_1, z_2, z_3 的线性替换矩阵为

$$\boldsymbol{C} = \boldsymbol{C}_1 \boldsymbol{C}_2 = \begin{pmatrix} 0 & 1 & -4 \\ \dfrac{1}{2} & -\dfrac{1}{2} & 1 \\ 0 & 0 & 1 \end{pmatrix} \begin{pmatrix} 1 & 0 & 0 \\ 0 & 0 & 1 \\ 0 & \dfrac{1}{3} & 0 \end{pmatrix} = \begin{pmatrix} 0 & -\dfrac{4}{3} & 1 \\ \dfrac{1}{2} & \dfrac{1}{3} & -\dfrac{1}{2} \\ 0 & \dfrac{1}{3} & 0 \end{pmatrix}.$$

6.3　正定二次型

6.3.1　惯性定理

定义 6.6　如果标准形的系数 $d_1, d_2, \cdots, d_n$ 只在 1,0,−1 三个数中取值，即

$$f = y_1^2 + \cdots + y_p^2 - y_{p-1}^2 - \cdots - y_r^2$$

则称上式为二次型的规范型.

定理 6.3　对任何实二次型 $f = \boldsymbol{x}^{\mathrm{T}} \boldsymbol{A} \boldsymbol{x}$，它的秩为 r，如果存在两个可逆线性变换将其化为标准形，则其正平方项的个数是唯一确定的.(证明略)

应该指出，二次型只有施行正交变换得到的标准型才与二次型矩阵的特征值对应. 因此，不是所有的标准形平方项的系数都是二次型矩阵的特征值. 可以说，二次型的标准形不是唯 一的，但规范形是唯一的.

定义 6.7　设实二次型 $f = \boldsymbol{x}^{\mathrm{T}} \boldsymbol{A} \boldsymbol{x}$ 的秩为 r，它的规范型(标准形)中的正的平方项的个数称为 f(或 $\boldsymbol{A}$)的正惯性指数，记为 p；负的平方项的个数称为 f(或 $\boldsymbol{A}$)的正惯性指数，记为 $r-p$.

6.3.2 正定二次型

在二次型中,我们主要讨论二次型的标准型中系数全为正或全为负的情形.

定义 6.8 设 $f(x)=\boldsymbol{x}^{\mathrm{T}}\boldsymbol{A}\boldsymbol{x}$ 是一个 n 元二次型,如果对任意 $x\neq 0$,都有 $f=\boldsymbol{x}^{\mathrm{T}}\boldsymbol{A}\boldsymbol{x}>0$,则称 f 为正定二次型,并称实对称矩阵 $\boldsymbol{A}$ 为正定的.如果对任意 $x\neq 0$,都有 $f=\boldsymbol{x}^{\mathrm{T}}\boldsymbol{A}\boldsymbol{x}<0$,则称 f 为负定二次型,并称实对称矩阵 $\boldsymbol{A}$ 为负定的.

对于正(负)定二次型 $f(x)=\boldsymbol{x}^{\mathrm{T}}\boldsymbol{A}\boldsymbol{x}$,只当 $x=0$ 时,有 $f(0)=0$.

由定义可知,$f(x_1,x_2,x_3)=x_1^2+2x_2^2+2x_3^2$ 是正定的,$\varphi(x_1,x_2,x_3)=-x_1^2-2x_2^2-x_3^2$ 是负定的.因为 $g(0,0,1)=0$,所以 $g(x_1,x_2,x_3)=x_1^2+x_2^2$ 不是正定的.

对于 n 阶矩阵 $\boldsymbol{A}=(a_{ij})$,称它的左上角的 r 阶主子方阵的行列式

$$\Delta_r=\begin{vmatrix} a_{11} & a_{12} & \cdots & a_{1r} \\ a_{21} & a_{22} & \cdots & a_{2r} \\ \vdots & \vdots & & \vdots \\ a_{r1} & a_{r2} & \cdots & a_{rr} \end{vmatrix}$$

为 $\boldsymbol{A}$ 的 r 阶顺序主子式($r=1,2,\cdots,n$).

正定二次型是一种重要的二次型.下面讨论它的基本性质及常用的判别条件.

定理 6.4 二次型经可逆线性变换,它的正定性不变.

证明 设二次型 $f(x)=\boldsymbol{x}^{\mathrm{T}}\boldsymbol{A}\boldsymbol{x}$,经可逆线性变换 $\boldsymbol{x}=\boldsymbol{C}\boldsymbol{y}$ 化为二次型 $f(y)=\boldsymbol{y}^{\mathrm{T}}\boldsymbol{B}\boldsymbol{y}$,其中 $\boldsymbol{C}^{\mathrm{T}}\boldsymbol{A}\boldsymbol{C}=\boldsymbol{B}$.如果 $\boldsymbol{x}^{\mathrm{T}}\boldsymbol{A}\boldsymbol{x}$ 正定,即 $\forall\,\boldsymbol{x}\neq 0$,有 $\boldsymbol{x}^{\mathrm{T}}\boldsymbol{A}\boldsymbol{x}>0$.于是,$\forall\,\boldsymbol{y}\neq 0$,因为 $\boldsymbol{C}$ 可逆,有 $\boldsymbol{C}\boldsymbol{y}\neq 0$,得 $\boldsymbol{y}^{\mathrm{T}}\boldsymbol{C}^{\mathrm{T}}\boldsymbol{A}\boldsymbol{C}\boldsymbol{y}=(\boldsymbol{C}\boldsymbol{y})^{\mathrm{T}}\boldsymbol{A}(\boldsymbol{C}\boldsymbol{y})>0$,因此,二次型 $\boldsymbol{y}^{\mathrm{T}}\boldsymbol{C}^{\mathrm{T}}\boldsymbol{A}\boldsymbol{C}\boldsymbol{y}$ 正定.同样,如果 $f(x)=\boldsymbol{x}^{\mathrm{T}}\boldsymbol{A}\boldsymbol{x}$ 不是正定的,则 $f(y)=\boldsymbol{y}^{\mathrm{T}}\boldsymbol{B}\boldsymbol{y}$ 也不是正定的.

性质 6.4 设二次型 $f(x)=\boldsymbol{x}^{\mathrm{T}}\boldsymbol{A}\boldsymbol{x}$,则 $\boldsymbol{x}^{\mathrm{T}}\boldsymbol{A}\boldsymbol{x}$ 为正定二次型的充分必要条件:

(1)f 的正惯性指数为 n;

(2)$\boldsymbol{A}$ 的所有特征值都大于零;

(3)$\boldsymbol{A}$ 与 $\boldsymbol{E}$ 合同,即一定存在可逆矩阵 $\boldsymbol{C}$,使得 $\boldsymbol{C}^{\mathrm{T}}\boldsymbol{A}\boldsymbol{C}=\boldsymbol{E}$;

(4)$\boldsymbol{A}$ 的各阶顺序主子式都大于零;

(5)存在可逆矩阵 $\boldsymbol{C}$,使 $\boldsymbol{C}^{\mathrm{T}}\boldsymbol{C}=\boldsymbol{A}$.

性质 6.5 设二次型 $f(x)=\boldsymbol{x}^{\mathrm{T}}\boldsymbol{A}\boldsymbol{x}$,则 $\boldsymbol{x}^{\mathrm{T}}\boldsymbol{A}\boldsymbol{x}$ 为正定二次型的必要条件:

(1)$\boldsymbol{A}$ 的主对角线元素 $a_{ij}>0$;

(2)$\boldsymbol{A}$ 的行列式 $|\boldsymbol{A}|>0$.

例 1 二次型 $x_1^2+4x_2^2+4x_3^2+2tx_1x_2-2x_1x_3+4x_2x_3$ 正定,则 t 的取值范围是________.

解 二次型矩阵

$$A=\begin{pmatrix}1 & t & -1\\ t & 4 & 2\\ -1 & 2 & 4\end{pmatrix}$$

的顺序主子式应全大于0,即

$$\Delta_1=1>0,$$
$$\Delta_2=\begin{vmatrix}1 & t\\ t & 4\end{vmatrix}=4-t^2>0\Rightarrow t\in(-2,2),$$
$$\Delta_3=|A|=-4t^2-4t+8>0\Rightarrow t\in(-2,1).$$

可见 $t\in(-2,1)$时,二次型正定.

例2 判别二次型 $f(x_1,x_2,x_3)=2x_1^2+2x_2^2+2x_3^2-2x_1x_2+2x_1x_3-2x_2x_3$ 的正定性.

解 将 f 用配方法化为标准形:

$$\begin{aligned}f(x_1,x_2,x_3)&=2x_1^2+2x_2^2+2x_3^2-2x_1x_2+2x_1x_3-2x_2x_3\\&=2\left(x_1-\frac{1}{2}x_2+\frac{1}{2}x_3\right)^2+\frac{3}{2}x_2^2+\frac{3}{2}x_3^2-x_2x_3\\&=2\left(x_1-\frac{1}{2}x_2+\frac{1}{2}x_3\right)^2+\frac{3}{2}\left(x_2-\frac{1}{3}x_3\right)^2+\frac{4}{3}x_3^2,\end{aligned}$$

由二次型的标准形可知,f 的标准形正惯性指数 $p=r=3$,故 f 是正定二次型.

习 题 6

1. 将二次型 $f(x_1,x_2,x_3)=x_1^2+x_2^2+x_3^2+2x_1x_2+4x_1x_3+6x_1x_3$ 表示成矩阵形式.

2. 设二次型 $f(x_1,x_2,x_3)=x_1^2+x_2^2+x_3^2+2ax_1x_2+2x_1x_3+2bx_1x_3$ 经过正交变换 $\boldsymbol{x}=\boldsymbol{Q}\boldsymbol{y}$ 化为 $f=y_1^2+2y_2^2$.

(1)求常数 a,b 的值;(2)求正交矩阵 $\boldsymbol{Q}$.

3. 已知矩阵 $\boldsymbol{A}=\begin{pmatrix}1&1&1&1\\1&1&1&1\\1&1&1&1\\1&1&1&1\end{pmatrix}$ 与 $\boldsymbol{B}=\begin{pmatrix}4&0&0&0\\0&0&0&0\\0&0&0&0\\0&0&0&0\end{pmatrix}$,证明矩阵 $\boldsymbol{A}$ 与 $\boldsymbol{B}$ 合同且相似.

4. 求二次型 $f(x_1,x_2,x_3)=4x_2^2-3x_3^2+4x_1x_2-4x_1x_3+8x_1x_3$ 的规范形,并写出可逆线性变换.

本章小结

一、二次型、二次型的标准型与规范形的定义

(1)二次型：n 元变量 $x_1,x_2,\cdots,x_n$ 的二次齐次多项式

$$\begin{aligned}f(x_1,x_2,\cdots,x_n)=&a_{11}x_1^2+2a_{12}x_1x_2+2a_{13}x_1x_3+\cdots+2a_{1n}x_1x_n\\&+a_{22}x_2^2+2a_{23}x_2x_3+\cdots+2a_{2n}x_2x_n\\&+\cdots+a_{nn}x_n^2\end{aligned}$$

称为 n 元二次型.当系数 a_{ij} $(i,j=1,2,\cdots,n)$ 是复数时，f 为复二次型；当系数 a_{ij} 是实数时，f 为实二次型.

(2)二次型的矩阵表示：令 $a_{ij}=a_{ji}$ $(i,j=1,2,\cdots,n)$，并利用矩阵乘法，就可将 f 写成

$$\begin{aligned}f(x_1,x_2,\cdots,x_n)&=(x_1,x_2,\cdots,x_n)\begin{pmatrix}a_{11}x_1+a_{12}x_2+\cdots+a_{1n}x_n\\a_{21}x_1+a_{22}x_2+\cdots+a_{2n}x_n\\\cdots\\a_{n1}x_1+a_{n2}x_2+\cdots+a_{nn}x_n\end{pmatrix}\\&=(x_1,x_2,\cdots,x_n)\begin{pmatrix}a_{11}&a_{12}&\cdots&a_{1n}\\a_{21}&a_{22}&\cdots&a_{2n}\\\vdots&\vdots&&\vdots\\a_{n1}&a_{n2}&\cdots&a_{nn}\end{pmatrix}\begin{pmatrix}x_1\\x_2\\\vdots\\x_n\end{pmatrix}=\boldsymbol{x}^{\mathrm{T}}\boldsymbol{A}\boldsymbol{x}.\end{aligned}$$

式中，$\boldsymbol{x}=\begin{pmatrix}x_1\\x_2\\\vdots\\x_n\end{pmatrix}$，$\boldsymbol{A}=\begin{pmatrix}a_{11}&a_{12}&\cdots&a_{1n}\\a_{21}&a_{22}&\cdots&a_{2n}\\\vdots&\vdots&&\vdots\\a_{n1}&a_{n2}&\cdots&a_{nn}\end{pmatrix}$，称矩阵 $\boldsymbol{A}$ 为二次型矩阵.显然 $\boldsymbol{A}^{\mathrm{T}}=\boldsymbol{A}$，即二次型矩阵都是对称矩阵，矩阵 $\boldsymbol{A}$ 的秩为二次型的秩.

(3)二次型的标准形：二次型 $f=\boldsymbol{x}^{\mathrm{T}}\boldsymbol{A}\boldsymbol{x}$ 化成只含变量的平方项(而不含变量的交叉乘积项)的形式 $f=d_1y_1^2+d_2y_2^2+\cdots+d_ny_n^2$，为二次型 f 的标准形.

(4)二次型的规范形：如果标准形 $f=d_1y_1^2+d_2y_2^2+\cdots+d_ny_n^2$ 的系数只在 1，0，-1 三个数中取值，即 $f=y_1^2+\cdots+y_p^2-y_{p-1}^2-\cdots-y_r^2$，则称上式为二次型的规范型.

二、矩阵的合同

(1)设 $\boldsymbol{A}$ 和 $\boldsymbol{B}$ 是 n 阶矩阵，若有可逆矩阵 $\boldsymbol{C}$，使 $\boldsymbol{C}^{\mathrm{T}}\boldsymbol{A}\boldsymbol{C}=\boldsymbol{B}$，则称矩阵 $\boldsymbol{A}$ 与 $\boldsymbol{B}$ 合同.

(2)合同关系的性质：

①反身性：$\boldsymbol{A}$ 与 $\boldsymbol{A}$；

②对称性：若 $\boldsymbol{A}$ 与 $\boldsymbol{B}$，则 $\boldsymbol{B}$ 与 $\boldsymbol{A}$；

③传递性：若 $\boldsymbol{A}$ 与 $\boldsymbol{B}$，$\boldsymbol{B}$ 与 $\boldsymbol{C}$，则 $\boldsymbol{A}$ 与 $\boldsymbol{C}$.

(3)设 $\boldsymbol{A}$ 为对称矩阵，且 $\boldsymbol{A}$ 与 $\boldsymbol{B}$ 合同，则 $\boldsymbol{B}$ 也为对称矩阵，且 $r(\boldsymbol{A})=r(\boldsymbol{B})$.

三、将二次型化为标准形与规范形

(1)对于二次型 $f(x)=\boldsymbol{x}^{\mathrm{T}}\boldsymbol{A}\boldsymbol{x}$，总存在正交变换 $\boldsymbol{x}=\boldsymbol{P}\boldsymbol{y}$($\boldsymbol{P}$ 为正交矩阵)，使得用它可将 f 化成标准形

$$f=\lambda_1 y_1^2+\lambda_2 y_2^2+\cdots+\lambda_n y_n^2,$$

式中，$\lambda_1,\lambda_2,\cdots,\lambda_n$ 为 $\boldsymbol{A}$ 的全部特征值.

(2)配方法化二次型为标准形：

①若二次型中含有某个变量 x_i 的平方项 x_i^2，则先将含有 x_i 的项合在一起，配成完全平方项，再继续按此方法配方；

②若二次型中不含有任何变量的完全平方项，则应先做线性变换，使二次型含有新变量的平方项，化为情形①.

四、正定二次型

(1) 设实二次型 $f=\boldsymbol{x}^{\mathrm{T}}\boldsymbol{A}\boldsymbol{x}$ 的秩为 r，它的规范型(标准形)中的正的平方项的个数称为 f(或 $\boldsymbol{A}$)的正惯性指数，记为 p；负的平方项的个数称为 f(或 $\boldsymbol{A}$)的正惯性指数，记为 $r-p$.

(2)惯性定理：对任何实二次型 $f=\boldsymbol{x}^{\mathrm{T}}\boldsymbol{A}\boldsymbol{x}$，它的秩为 r，如果存在两个可逆线性变换将其化为标准形，则其正平方项的个数是唯一确定的.

(3)正定二次型：设 $f(x)=\boldsymbol{x}^{\mathrm{T}}\boldsymbol{A}\boldsymbol{x}$ 是一个 n 元二次型，如果对任意 $x\neq 0$，都有 $f=\boldsymbol{x}^{\mathrm{T}}\boldsymbol{A}\boldsymbol{x}>0$，则称 f 为正定二次型，并称实对称矩阵 $\boldsymbol{A}$ 为正定的. 如果对任意 $x\neq 0$，都有 $f=\boldsymbol{x}^{\mathrm{T}}\boldsymbol{A}\boldsymbol{x}<0$，则称 f 为负定二次型，并称实对称矩阵 $\boldsymbol{A}$ 为负定的.

(4)设二次型 $f(x)=\boldsymbol{x}^{\mathrm{T}}\boldsymbol{A}\boldsymbol{x}$，则 $\boldsymbol{x}^{\mathrm{T}}\boldsymbol{A}\boldsymbol{x}$ 为正定二次型的充分必要条件：

①f 的正惯性指数为 n；

②$\boldsymbol{A}$ 的所有特征值都大于零；

③$\boldsymbol{A}$ 与 $\boldsymbol{E}$ 合同，即一定存在可逆矩阵 $\boldsymbol{C}$，使得 $\boldsymbol{C}^{\mathrm{T}}\boldsymbol{A}\boldsymbol{C}=\boldsymbol{E}$；

④$\boldsymbol{A}$ 的各阶顺序主子式都大于零；

⑤存在可逆矩阵 $\boldsymbol{C}$，使 $\boldsymbol{C}^{\mathrm{T}}\boldsymbol{C}=\boldsymbol{A}$.

(5)设二次型 $f(x)=\boldsymbol{x}^{\mathrm{T}}\boldsymbol{A}\boldsymbol{x}$，则 $\boldsymbol{x}^{\mathrm{T}}\boldsymbol{A}\boldsymbol{x}$ 为正定二次型的必要条件：

①$\boldsymbol{A}$ 的主对角线元素 $a_{ij}>0$；

②$\boldsymbol{A}$ 的行列式 $|\boldsymbol{A}|>0$.

测试题 6

一、填空题

1. 二次型 $f(x_1,x_2,x_3)=(x_1-2x_2)^2+4x_2x_3$ 的矩阵为________.

2. 设 A 为四阶实对称矩阵，满足 $A^3=A$，且其正负惯性指数均为 1，则 $|A+2E|=$________.

二、选择题

1. $\boldsymbol{A}=\begin{pmatrix}2&1&1\\1&2&1\\1&1&2\end{pmatrix}$，$\boldsymbol{B}=\begin{pmatrix}1&0&0\\0&2&0\\0&0&3\end{pmatrix}$，则 $\boldsymbol{A}$ 与 $\boldsymbol{B}$（　　）.

A. 相似但不合同　　B. 合同但不相似

C. 合同且相似　　D. 不合同也不相似

2. 设 $\boldsymbol{A}$ 为 n 阶实对称矩阵，则 $\boldsymbol{A}$ 正定的充分必要条件是（　　）.

A. $|\boldsymbol{A}|>0$　　B. $\boldsymbol{A}$ 所有特征值都是非负的

C. $r(\boldsymbol{A})=\boldsymbol{n}$　　D. $\boldsymbol{A}^{-1}$ 为正定矩阵

3. 已知 $\boldsymbol{A}$ 为 3 阶实对称矩阵，且 $\boldsymbol{A}$ 满足 $\boldsymbol{A}^3-2\boldsymbol{A}^2+\boldsymbol{A}-2\boldsymbol{E}=\boldsymbol{O}$，$\boldsymbol{x}=(x_1,x_2,x_3)^{\mathrm{T}}$，则二次型 $f(x_1,x_2,x_3)=\boldsymbol{x}^{\mathrm{T}}\boldsymbol{A}\boldsymbol{x}$ 在 $\boldsymbol{x}^{\mathrm{T}}\boldsymbol{x}=1$ 的条件下的值为（　　）.

A. -2　　B. 2　　C. -3　　D. 3

4. 设 $\boldsymbol{A}$ 为 3 阶实对称矩阵，$\boldsymbol{A}^2+2\boldsymbol{A}=\boldsymbol{O}$，$r(\boldsymbol{A})=2$，且 $\boldsymbol{A}+k\boldsymbol{E}$ 为正定矩阵，其中 $\boldsymbol{E}$ 为 3 阶单位矩阵，则 k 应满足的条件是（　　）.

A. $k>0$　　B. $k\geqslant 0$　　C. $k>2$　　D. $k\geqslant 2$

三、解答题

1. 用配方法化二次型 $f(x_1,x_2,x_3)=x_1^2+2x_1x_2-2x_1x_3$ 为标准形.

2. 用正交变换法化二次型 $f(x_1,x_2,x_3)=x_1^2+x_2^2+x_3^2+4x_1x_2+4x_1x_3+4x_2x_3$ 为标准形.

3. 设矩阵 $\boldsymbol{A}=\begin{pmatrix}1&0&1\\0&2&0\\1&0&1\end{pmatrix}$，矩阵 $\boldsymbol{B}=(k\boldsymbol{E}+\boldsymbol{A})^2$，求对角矩阵 $\boldsymbol{\Lambda}$，使得 $\boldsymbol{B}$ 和 $\boldsymbol{\Lambda}$ 相似，并问 k 满足什么条件时，$\boldsymbol{B}$ 为正定矩阵.

第 7 章

投入产出数学模型

7.1 投入产出数学模型简介

投入产出数学模型是用于经济系统(小到一家公司,大到整个国家乃至国际经济共同体)编制经济计划,并研究各种相关经济政策问题的模型.它既可用于微观的经济系统,也可用于宏观的经济系统的综合平衡分析.

7.1.1 投入产出表

经济系统各部门之间在投入与产出上存在着密切的联系。投入是指从事一项经济活动的消耗,例如生产过程中消耗的原材料、燃料、活力、设备、劳动力等是这项生产活动的投入;产出是指从事一项经济活动的结果,例如生产活动的结果,就是生产一定数量的产品及分配去向.

经济系统各部门之间投入产出关系可以用投入产出表来描述.投入产出表能够把各部门之间所有的投入与产出关系都概括进去.投入产出表可以按实物形式编制,也可按价值形式编制.本章仅讨论价值型投入产出表.因此,本章所提到的诸如“产品量”“单位产品”“总产品”“最终产品”等分别指“产品的价值”“单位产品的价值”“总产品”“最终产品的价值”等.

下面介绍价值型投入产出表的结构,见表 7-1.

表 7-1

<table>
<tr><th colspan="2" rowspan="3">投入</th><th colspan="9">产出</th></tr>
<tr><th colspan="4">消耗部门</th><th colspan="4">最终产品</th><th rowspan="2">总产品</th></tr>
<tr><th>1</th><th>2</th><th>…</th><th>n</th><th>消费</th><th>积累</th><th>…</th><th>合计</th></tr>
<tr><td rowspan="4">生产部门</td><td>1</td><td>x_{11}</td><td>x_{12}</td><td>…</td><td>x_{1n}</td><td>h_1</td><td>w_1</td><td>…</td><td>y_1</td><td>x_1</td></tr>
<tr><td>2</td><td>x_{21}</td><td>x_{22}</td><td>…</td><td>x_{2n}</td><td>h_2</td><td>w_2</td><td>…</td><td>y_2</td><td>x_2</td></tr>
<tr><td>⋮</td><td>⋮</td><td>⋮</td><td>⋮</td><td>⋮</td><td>⋮</td><td>⋮</td><td>⋮</td><td>⋮</td><td>⋮</td></tr>
<tr><td>n</td><td>x_{n1}</td><td>x_{n2}</td><td>…</td><td>x_{nn}</td><td>h_n</td><td>w_n</td><td>…</td><td>y_n</td><td>x_n</td></tr>
</table>

续表

<table>
<tr><th colspan="2" rowspan="3">投　入</th><th colspan="9">产　　出</th></tr>
<tr><th colspan="4">消 耗 部 门</th><th colspan="4">最 终 产 品</th><th rowspan="2">总 产 品</th></tr>
<tr><th>1</th><th>2</th><th>…</th><th>n</th><th>消 费</th><th>积 累</th><th>…</th><th>合 计</th></tr>
<tr><td rowspan="3">新创造价值</td><td>劳动报酬</td><td>v_1</td><td>v_2</td><td>…</td><td>v_n</td><td colspan="5" rowspan="4"></td></tr>
<tr><td>纯收入</td><td>m_1</td><td>m_2</td><td>…</td><td>m_n</td></tr>
<tr><td>合计</td><td>z_1</td><td>z_2</td><td>…</td><td>z_n</td></tr>
<tr><td colspan="2">总产品价值</td><td>x_1</td><td>x_2</td><td>…</td><td>x_n</td></tr>
</table>

表 7-1 用双线划分为四个部分，称为四个象限，分别为第一象限(左上角)、第二象限(右上角)、第三象限(左下角)、第四象限(右下角).

第一象限是表 7-1 的基本部分，它反映各物质生产部门的技术经济联系. 第一象限的各行表示某个部门的产品如何进行分配，以满足其他部门日常生产消费的需要；第一象限的各列表示某个部门对其他部门产品的消费情况. 行与列的交叉点是部门间流量，这个量以双重身份出现，它是行部门分配给列部门的产品价值量，也是列部门消耗行部门的产品价值量.

第二象限表示各部门的最终产品量，从横行看，反映了各部门的产品用于消费和积累等方面的情况，即各部门最终产品的分配情况；从纵列看，表明用于消费、积累等方面的最终产品分别由各部门提供的数量.

第三象限表示各部门新创造的价值，其各列的合计数反映各部门的劳动报酬和该部门的纯收入之和.

第四象限反映各部门的再分配过程，由于再分配过程较复杂，故一般空出不用.

下面举例说明投入产出表.

设将某城市的煤矿、电厂、炼钢厂、铁路四个企业作为一个经济系统来考察。这个系统具有投入产出分析的两个基本特点：

(1)系统的每个部门都有单一的产品(分别是煤炭、电力、钢铁、铁路运能)；

(2)系统内各部门之间是相互依存的，即每个部门生产产品的同时，都要直接或间接地消耗系统内其他部门的产品.

例如，炼钢厂要炼钢时，要消耗电力、煤炭及铁路运能；采煤是要消耗电力、铁路运能，同时也间接消耗了钢铁，这是因为在用到铁路时消耗了钢铁。这四个部门间的投入产出关系见表 7-2.

表 7-2　　单位:亿元

<table>
<tr><td colspan="2" rowspan="3">投　入</td><td colspan="9">产　出</td></tr>
<tr><td colspan="4">消耗部门</td><td colspan="3">最终产品</td><td rowspan="2">总产品</td></tr>
<tr><td>煤矿</td><td>电厂</td><td>炼钢厂</td><td>铁路</td><td>消费</td><td>积累</td><td>合计</td></tr>
<tr><td rowspan="4">生产部门</td><td>煤矿</td><td>30</td><td>400</td><td>50</td><td>300</td><td>330</td><td>90</td><td>420</td><td>1 200</td></tr>
<tr><td>电厂</td><td>130</td><td>10</td><td>120</td><td>100</td><td>150</td><td>190</td><td>340</td><td>700</td></tr>
<tr><td>炼钢厂</td><td>50</td><td>50</td><td>20</td><td>430</td><td>340</td><td>210</td><td>550</td><td>1 100</td></tr>
<tr><td>铁路</td><td>480</td><td>20</td><td>200</td><td>0</td><td>60</td><td>240</td><td>300</td><td>1 000</td></tr>
<tr><td rowspan="3">新创造价值</td><td>劳动报酬</td><td>400</td><td>80</td><td>320</td><td>130</td><td></td><td></td><td></td><td></td></tr>
<tr><td>纯收入</td><td>110</td><td>140</td><td>390</td><td>40</td><td></td><td></td><td></td><td></td></tr>
<tr><td>合计</td><td>510</td><td>220</td><td>710</td><td>170</td><td></td><td></td><td></td><td></td></tr>
<tr><td colspan="2">总产品价值</td><td>1 200</td><td>700</td><td>1 100</td><td>1 000</td><td></td><td></td><td></td><td></td></tr>
</table>

表 7-2 中对应的生产部门有四行,每一行建立一个等式,反映了一个部门的总产品分配情况. 以第一行为例,该地区某一年度煤矿共生产了价值 1 200 亿元的总产品. 其中 780 亿元作为系统内生产性消耗,分别为 30 亿元产品用于煤矿自身消耗,400 亿元用于电厂消耗,50 亿元的产品用于炼钢厂的消耗,300 亿元的产品用于铁路部门的消耗,420 亿元的产品作为提供社会消费、积累及其他用途的最终产品.

表中对应的消耗部门有四列,每一列建立一个等式,反映了一个部门总产值的构成情况. 以第四列为例,该地区某一年度铁路部门的总产值 1 000 亿元. 其中消耗煤矿部门的产品价值 300 亿元,电厂的电力价值 100 亿元,炼钢厂的产品价值 430 亿元,扣除了上述消耗后的净产值,也就是劳动报酬、社会收入等的新创造价值 170 亿元.

7.1.2　投入产出的数学模型

从上面给出的投入产出表来看,第一、二象限的每一行有一个等式,即每一个生产部门分配给各部门的生产性消耗加上该部门的最终产品等于它的总产品.

1. 产品的分配联系的方程组

总产品＝系统内消耗的产品＋最终产品

$$\begin{cases} x_1 = x_{11} + x_{12} + \cdots + x_{1n} + y_1 \\ x_2 = x_{21} + x_{22} + \cdots + x_{2n} + y_2 \\ \cdots\cdots \\ x_n = x_{n1} + x_{n2} + \cdots + x_{nn} + y_n \end{cases} \tag{7-1}$$

方程组(7-1)表示各部门产品的分配情况,即总产品的一部分作为系统内的消耗,用于补偿日常的生产性消耗,另一部分作为最终产品用来满足社会需要(消费、积累和储备等).方程组(7-1)称为投入产出数学模型的分配平衡方程组.该方程组也可表示为

$$x_i=\sum_{j=1}^{n}x_{ij}+y_i\quad(i=1,2,\cdots,n).$$

从上面给出的投入产出表来看,第一、三象限的每一列也有一个等式,即对每一个消耗部门来说,各部门为它提供的生产性消耗加上该部门新创造的价值应等于它的总产品价值.

2.产品的生产消费联系的方程组

总产品价值=日常物质消耗+新创造价值

$$\begin{cases}x_1=x_{11}+x_{21}+\cdots+x_{n1}+z_1\\x_2=x_{12}+x_{22}+\cdots+x_{n2}+z_2\\\cdots\cdots\\x_n=x_{1n}+x_{2n}+\cdots+x_{nn}+z_n\end{cases}\tag{7-2}$$

方程组(7-2)表示各部门产品的价值构成情况,即总产品价值的一部分是消耗系统内的其他部门产品的价值,另一部分是该部门新创造的价值(劳动报酬、利润和纯收入等).方程组(7-2)称为投入产出数学模型的消耗平衡方程组.该方程组也可表示为

$$x_j=\sum_{i=1}^{n}x_{ij}+z_j\quad(j=1,2,\cdots,n).$$

例 某一经济系统的投入产出表见表7-3.

表 7-3 单位:亿元

投入		产出							
		消耗部门				最终产品			总产品
		农业	轻工业	重工业	其他	消费	积累	合计	
生产部门	农业	60	164	159	140	640	w_1	y_1	1 196
	轻工业	12	431	36	93	h_2	859	y_2	1 560
	重工业	31	217	876	237	353	w_3	y_3	2 004
	其他	41	251	270	184	h_4	274	y_4	1 200
新创造价值	劳动报酬	m_1	81	215	m_4				
	纯收入	263	v_2	v_3	332				
	合计	z_1	z_2	z_3	z_4				
总产品价值		1 196	1 560	2 004	1 200				

求：(1)各部门的最终产品 y_1,y_2,y_3,y_4；(2)各部门的新创造价值 z_1,z_2,z_3,z_4；(3)w_1,w_3,h_2,h_4 及 m_1,m_4,v_2,v_3 的值.

解　(1)由分配平衡方程组可得

$$\begin{cases}y_1=x_1-(x_{11}+x_{12}+x_{13}+x_{14})\\y_2=x_2-(x_{21}+x_{22}+x_{23}+x_{24})\\y_3=x_3-(x_{31}+x_{32}+x_{33}+x_{34})\\y_4=x_4-(x_{41}+x_{42}+x_{43}+x_{44})\end{cases},$$

即

$$\begin{cases}y_1=1\ 196-(60+164+159+140)=673\\y_2=1\ 560-(12+431+36+93)=988\\y_3=2\ 004-(31+217+876+237)=643\\y_4=1\ 200-(41+251+270+184)=454\end{cases}.$$

(2)由消耗平衡方程组可得

$$\begin{cases}z_1=x_1-(x_{11}+x_{21}+x_{31}+x_{41})\\z_2=x_2-(x_{12}+x_{22}+x_{32}+x_{42})\\z_3=x_3-(x_{13}+x_{23}+x_{33}+x_{43})\\z_4=x_4-(x_{14}+x_{24}+x_{34}+x_{44})\end{cases},$$

即

$$\begin{cases}z_1=1\ 196-(60+12+31+41)=1\ 052\\z_2=1\ 560-(164+431+217+251)=497\\z_3=2\ 004-(159+36+876+270)=663\\z_4=1\ 200-(140+93+237+184)=546\end{cases}.$$

(3)由 $m_n+v_n=z_n,h_n+w_n=y_n$ 得

$v_2=z_2-m_2=497-81=416$，　$v_3=z_3-m_3=663-215=448$，

$w_1=y_1-h_1=673-640=33$，　$w_3=y_3-h_3=643-353=290$，

$m_1=z_1-v_1=1\ 052-263=789$，　$m_4=z_4-v_4=564-332=214$，

$h_2=y_2-w_2=988-859=129$，　$h_4=y_4-w_4=454-274=180$.

7.2　投入产出数学模型的分析和计算

7.2.1　直接消耗系数

定义 7.1　经济系统中第 j 个部门生产的单位价值产品所直接消耗第 i 个部门的产品价值量，称为第 j 个部门对第 i 个部门的**直接消耗系数**，记为 a_{ij}，即

$$a_{ij}=\frac{x_{ij}}{x_j}\quad(i,j=1,2,\cdots,n).$$

例如，表 7-2 中，$a_{11}=\frac{x_{11}}{x_1}=\frac{30}{1\ 200}=0.025$，

$$a_{12}=\frac{x_{12}}{x_2}=\frac{400}{700}=0.571,$$

$$a_{21}=\frac{x_{21}}{x_1}=\frac{130}{1\ 200}=0.108.$$

直接消耗系数是以价值形式体现的部门平均定额，它在数量上反映一个经济系统各部门间技术经济联系，a_{ij} 的值越大，说明 j 部门与 i 部门的联系越密切；反之，则越松散。

计算表 7-2 中个部门总产品的直接消耗系数，见表 7-4.

表 7-4

部门	煤矿	电厂	钢铁	铁路
煤矿	0.025	0.571	0.045	0.30
电厂	0.108	0.014	0.109	0.10
钢铁	0.042	0.071	0.018	0.43
铁路	0.40	0.029	0.182	0

由经济系统所有 n 个部门相互之间的直接消耗系数构成的 n 阶方阵，称为经济系统的直接消耗系数矩阵，记为

$$\mathbf{A}=\begin{pmatrix} a_{11} & a_{12} & \cdots & a_{1n} \\ a_{21} & a_{22} & \cdots & a_{2n} \\ \vdots & \vdots & & \vdots \\ a_{n1} & a_{n2} & \cdots & a_{nn} \end{pmatrix}.$$

例如，表 7-2 中所对应的经济系统的直接消耗系数矩阵为

$$\mathbf{A}=\begin{pmatrix} 0.025 & 0.571 & 0.045 & 0.30 \\ 0.108 & 0.014 & 0.109 & 0.10 \\ 0.042 & 0.071 & 0.018 & 0.43 \\ 0.40 & 0.029 & 0.182 & 0 \end{pmatrix}.$$

通过表 7-4 可以看出，表 7-2 所对应的经济系统中煤矿与电厂或钢铁与铁路的联系密切，而电厂与铁路的联系松散.

直接消耗系数矩阵 $\mathbf{A}$ 具有下列性质：

性质 7.1 对于矩阵 $\mathbf{A}$ 中的元素均有

$$0\leqslant a_{ij}<1 \quad (i,j=1,2,\cdots,n).$$

性质 7.2 矩阵 $\mathbf{A}$ 中的各列元素之和均小于 1，即

$$\sum_{i=1}^{n}a_{ij}<1 \quad (j=1,2,\cdots,n).$$

7.2.2　平衡方程组的解

利用直接消耗系数矩阵可以将分配平衡方程组和消耗平衡方程组写成如下形式：

由直接消耗系数的定义有　$x_{ij}=a_{ij}x_j \quad (i,j=1,2,\cdots,n)$.

将上式代入分配平衡方程组(7-1)，有

$$\begin{cases} a_{11}x_1+a_{12}x_2+\cdots+a_{1n}x_n+y_1=x_1 \\ a_{21}x_1+a_{22}x_2+\cdots+a_{2n}x_n+y_2=x_2 \\ \cdots\cdots \\ a_{n1}x_1+a_{n2}x_2+\cdots+a_{nn}x_n+y_n=x_n \end{cases}, \tag{7-3}$$

写成矩阵形式为

$$\boldsymbol{AX}+\boldsymbol{Y}=\boldsymbol{X}, \tag{7-4}$$

其中

$$\boldsymbol{A}=\begin{pmatrix} a_{11} & a_{12} & \cdots & a_{1n} \\ a_{21} & a_{22} & \cdots & a_{2n} \\ \vdots & \vdots & & \vdots \\ a_{n1} & a_{n2} & \cdots & a_{nn} \end{pmatrix},\quad \boldsymbol{X}=\begin{pmatrix} x_1 \\ x_2 \\ \vdots \\ x_n \end{pmatrix},\quad \boldsymbol{Y}=\begin{pmatrix} y_1 \\ y_2 \\ \vdots \\ y_n \end{pmatrix},$$

分别为直接消耗系数矩阵、总产品列向量、最终产品列向量。

消耗平衡方程组(7－2)可写成

$$\begin{cases} a_{11}x_1+a_{21}x_1+\cdots+a_{n1}x_1+z_1=x_1 \\ a_{12}x_2+a_{22}x_2+\cdots+a_{n2}x_2+z_2=x_2 \\ \cdots\cdots \\ a_{1n}x_n+a_{2n}x_n+\cdots+a_{nn}x_n+z_n=x_n \end{cases}, \tag{7-5}$$

或简化为

$$\sum_{i=1}^{n}a_{ij}x_j+z_j=x_j \quad (j=1,2,\cdots,n).$$

下面介绍一个重要的定理.

定理　设 $\boldsymbol{A}$ 为经济系统的直接消耗系数矩阵，$\boldsymbol{E}$ 为同阶单位矩阵，则($\boldsymbol{E}-\boldsymbol{A}$)是可逆矩阵.

1. 分配平衡方程组的解

在分配平衡方程组(7-3)或(7-4)中：

(1)当 $x_1,x_2,\cdots,x_n$ 为已知时，则得解 $y_1,y_2,\cdots,y_n$ 为

$$\begin{cases} y_1=x_1-a_{11}x_1-a_{12}x_2-\cdots-a_{1n}x_n \\ y_2=x_2-a_{21}x_1-a_{22}x_2-\cdots-a_{2n}x_n \\ \cdots\cdots \\ y_n=x_n-a_{n1}x_1-a_{n2}x_2-\cdots-a_{nn}x_n \end{cases},$$

用矩阵形式表示为

$$\boldsymbol{Y}=(\boldsymbol{E}-\boldsymbol{A})\boldsymbol{X}. \tag{7-6}$$

(2)当 $y_1,y_2,\cdots,y_n$ 为已知时,求 $x_1,x_2,\cdots,x_n$.

由以上定理知($\boldsymbol{E}-\boldsymbol{A}$)可逆,所以得解

$$\boldsymbol{X}=(\boldsymbol{E}-\boldsymbol{A})^{-1}\boldsymbol{Y}. \tag{7-7}$$

$(\boldsymbol{E}-\boldsymbol{A})$和$(\boldsymbol{E}-\boldsymbol{A})^{-1}$分别称为列昂节夫矩阵和列昂节夫尼矩阵.

2.消耗平衡方程组的解

在消耗平衡方程组(7-5)中:

(1)当 $x_1,x_2,\cdots,x_n$ 为已知时,则得解

$$z_j=(1-\sum_{i=1}^{n}a_{ij})x_j \quad (j=1,2,\cdots,n). \tag{7-8}$$

(2)当 $z_1,z_2,\cdots,z_n$ 为已知时,则得解

$$x_j=\frac{z_j}{1-\sum\limits_{i=1}^{j}a_{ij}} \quad (j=1,2,\cdots,n). \tag{7-9}$$

例 1 设有一个经济系统包括三个部门,在某一个生产周期内各部门间的消耗系数即最终产品见表 7-5.

表 7-5

生产部门	消耗部门			
	部门 1	部门 2	部门 3	最终产品
部门 1	0.25	0.10	0.10	245
部门 2	0.20	0.20	0.10	90
部门 3	0.10	0.10	0.20	175

求各部门的总产品及部门间的流量.

解 设 $x_i(i=1,2,3)$表示第 i 部门的总产品,由已知得

$$\boldsymbol{A}=\begin{pmatrix}0.25&0.10&0.10\\0.20&0.20&0.10\\0.10&0.10&0.20\end{pmatrix},\quad \boldsymbol{Y}=\begin{pmatrix}245\\90\\175\end{pmatrix}.$$

代入分配平衡方程组

$$(\boldsymbol{E}-\boldsymbol{A})\boldsymbol{X}=\boldsymbol{Y},\quad 即\ \boldsymbol{X}=(\boldsymbol{E}-\boldsymbol{A})^{-1}\boldsymbol{Y},$$

$$\boldsymbol{E}-\boldsymbol{A}=\begin{pmatrix}0.75&-0.10&-0.10\\-0.20&0.80&-0.10\\-0.10&-0.10&0.80\end{pmatrix},$$

可求得

$$(\boldsymbol{E}-\boldsymbol{A})^{-1}=\frac{20}{891}\begin{pmatrix}63 & 9 & 9\\17 & 59 & 9.5\\10 & 8.5 & 58\end{pmatrix},$$

因此

$$\boldsymbol{X}=(\boldsymbol{E}-\boldsymbol{A})^{-1}\boldsymbol{Y}=\frac{20}{891}\begin{pmatrix}63 & 9 & 9\\17 & 59 & 9.5\\10 & 8.5 & 58\end{pmatrix}\begin{pmatrix}245\\90\\175\end{pmatrix}=\begin{pmatrix}400\\250\\300\end{pmatrix}.$$

7.2.3　完全消耗系数

一个经济系统中，生产部门在生产产品时，除了直接消耗外，还需要间接消耗．例如，在第一节的例子中，在钢铁部门在生产钢铁时，除了消耗煤之外，还要消耗电力、铁路运能等，其中铁路运能在消耗煤的过程中，也需要用到铁路运能，所以，钢铁部门对铁路即有直接消耗，又有间接消耗。

一般地说，直接消耗与间接消耗的和称为部门间的完全消耗．

定义 7.2　经济系统第 j 部门生产单位价值产品所完全消耗第 i 部门的产品价值量称为第 j 部门对第 i 部门的完全消耗系数．

若用 c_{ij} 表示第 j 部门对第 i 部门的完全消耗系数，用 $c_{ik}a_{kj}$ 表示第 j 部门生产单位价值产品，通过中间产品 k 实现对 i 种产品的间接消耗量，则完全消耗系数可表达如下：

$$c_{ij}=a_{ij}+\sum_{k=1}^{n}c_{ik}a_{kj}\quad(i,j=1,2,\cdots,n).\tag{7-10}$$

式中，a_{ij} 为单位产品 j 对产品 i 的直接消耗；$\sum\limits_{k=1}^{n}c_{ik}a_{kj}$ 为单位产品 j 对产品 i 的全部间接消耗．

式(7-10)可以这样认为：假设一个经济系统有 1,2,3 个部门，如要研究第 2 部门对第 1 部门的完全消耗系数 c_{12}，就需要考虑第 2 部门在生产过程中，除直接消耗第 1 部门的产品外，还通过各部门间接消耗第 1 部门的产品．例如，考察第 2 部门通过第 3 部门间接消耗第 1 部门的产品($c_{13}=0.2$)，而第 2 部门生产一个单位产品直接消耗第 3 部门 0.7 个单位价值产品($a_{32}=0.7$)，那么第 2 部门生产一个单位价值产品通过第 3 部门而间接消耗第 1 部门的产品为 $c_{13}a_{32}=0.2\times0.7=0.14$(个)单位价值产品，即

$$c_{12}=a_{12}+c_{11}a_{12}+c_{12}a_{22}+c_{13}a_{32}.$$

由经济系统各部门的完全消耗系数构成的矩阵

$$\boldsymbol{C}=\begin{pmatrix}c_{11} & c_{12} & \cdots & c_{1n}\\c_{21} & c_{22} & \cdots & c_{2n}\\\vdots & \vdots & & \vdots\\c_{n1} & c_{n2} & \cdots & c_{nn}\end{pmatrix}$$

称为完全消耗系数矩阵.

式(7-10)写成矩阵形式为

$$\boldsymbol{C}=\boldsymbol{A}+\boldsymbol{C}\boldsymbol{A}, \tag{7-11}$$

或

$$\boldsymbol{C}(\boldsymbol{E}-\boldsymbol{A})=\boldsymbol{A}. \tag{7-12}$$

式中,$\boldsymbol{A}$ 和 $\boldsymbol{C}$ 分别为经济系统的直接消耗系数矩阵和完全消耗系数矩阵. 由于$(\boldsymbol{E}-\boldsymbol{A})$可逆,由式(7-12)可得

$$\begin{aligned}\boldsymbol{C}&=\boldsymbol{A}(\boldsymbol{E}-\boldsymbol{A})^{-1}=[\boldsymbol{E}-(\boldsymbol{E}-\boldsymbol{A})](\boldsymbol{E}-\boldsymbol{A})^{-1}\\&=(\boldsymbol{E}-\boldsymbol{A})^{-1}-\boldsymbol{E},\end{aligned}$$

即

$$\boldsymbol{C}=(\boldsymbol{E}-\boldsymbol{A})^{-1}-\boldsymbol{E}, \tag{7-13}$$

或

$$(\boldsymbol{E}-\boldsymbol{A})^{-1}=\boldsymbol{C}+\boldsymbol{E}. \tag{7-14}$$

由直接消耗系数矩阵,可以求出完全消耗系数矩阵.

例 2 设某一系统的直接消耗系数矩阵为

$$\boldsymbol{A}=\begin{pmatrix}0.20 & 0.10 & 0.30\\0.30 & 0.20 & 0.20\\0.10 & 0.20 & 0.10\end{pmatrix},$$

求该系统的完全消耗系数矩阵.

解 由 $\boldsymbol{C}=(\boldsymbol{E}-\boldsymbol{A})^{-1}-\boldsymbol{E}$,得

$$\boldsymbol{E}-\boldsymbol{A}=\begin{pmatrix}0.80 & -0.10 & -0.30\\-0.30 & 0.80 & -0.20\\-0.10 & -0.20 & 0.90\end{pmatrix},$$

$$\begin{aligned}(\boldsymbol{E}-\boldsymbol{A})^{-1}&=\frac{10}{473}\begin{pmatrix}68 & 15 & 26\\29 & 69 & 25\\14 & 17 & 61\end{pmatrix}\\&=\begin{pmatrix}1.4376 & 0.3171 & 0.5496\\0.6131 & 1.4587 & 0.5285\\0.2959 & 0.3594 & 1.2896\end{pmatrix},\end{aligned}$$

所以

$$\boldsymbol{C}=(\boldsymbol{E}-\boldsymbol{A})^{-1}-\boldsymbol{E}=\begin{pmatrix}0.4376 & 0.3171 & 0.5496\\0.6131 & 0.4587 & 0.5285\\0.2959 & 0.3594 & 0.2896\end{pmatrix}.$$

7.3　投入产出数学模型的应用

7.3.1　投入产出的数学模型在制订计划方面的应用

根据投入产出表的消耗结构可以确定下一时期的生产计划，其确定方法如下：

1. 确定计划期各部门的总产品后，可利用$(\boldsymbol{E}-\boldsymbol{A})\boldsymbol{X}=\boldsymbol{Y}$，计算各部门的最终产品

例如，表 7-6 是某一经济系统在一个生产时期的价值型投入产出表.

表　7-6

产　出		投　入						总产品
		消耗部门			最终产品			
		农业 1	制造业 2	服务业 3	消费	积累	合计	
生产部门	农业 1	150	200	300	200	150	350	1 000
	制造业 2	300	100	450	550	600	1 150	2 000
	服务业 3	200	600	0	400	300	700	1 500
新创造价值	劳动报酬	150	500	300				
	纯收入	200	600	450				
	合　计	350	1 100	750				
总产品价值		1 000	2 000	1 500				

如计划期各部门总产品为农业 1 200 亿、制造业 2 100 亿、服务业 1 600 亿，推算各部门的最终产品.

将该系统的计划期最终产品记为$\boldsymbol{Y}=(y_1,y_2,y_3)^{\mathrm{T}}$，报告期的总产品记为$\boldsymbol{X}=(1\,200,2\,100,1\,600)^{\mathrm{T}}$，由报告期的数据可得该系统的直接消耗系数矩阵为

$$\boldsymbol{A}=\begin{pmatrix}0.15 & 0.10 & 0.20\\ 0.30 & 0.05 & 0.30\\ 0.20 & 0.30 & 0.00\end{pmatrix},$$

而列昂节夫矩阵为

$$\boldsymbol{E}-\boldsymbol{A}=\begin{pmatrix}0.85 & -0.10 & -0.20\\ -0.30 & 0.95 & -0.30\\ -0.20 & -0.30 & 1.00\end{pmatrix}.$$

又
$$\boldsymbol{Y}=(\boldsymbol{E}-\boldsymbol{A})\boldsymbol{X},$$

于是，可得最终产品为

$$Y=\begin{pmatrix}y_1\\y_2\\y_3\end{pmatrix}=\begin{pmatrix}0.85&-0.10&-0.20\\-0.30&0.95&-0.30\\-0.20&-0.30&1.00\end{pmatrix}\begin{pmatrix}1\ 200\\2\ 100\\1\ 600\end{pmatrix}=\begin{pmatrix}490\\1\ 155\\730\end{pmatrix}.$$

2.确定计划期各部门的最终产品后，可利用 $X=(E-A)^{-1}Y$，计算各部门的总产品

上例，如计划期各部门最终产品为农业 400 亿、制造业 1 200 亿、服务业 800 亿，推算各部门的总产品.

将该系统的计划期总产品记为 $X=(x_1,x_2,x_3)^T$，报告期的最终产品记为 $Y=(400,1\ 200,800)^T$，由报告期的列昂节夫矩阵可得列昂节夫逆矩阵为

$$(E-A)^{-1}=\begin{pmatrix}1.345\ 9&0.250\ 4&0.344\ 3\\0.563\ 4&1.267\ 6&0.493\ 0\\0.438\ 2&0.430\ 4&1.216\ 7\end{pmatrix}.$$

又

$$X=(E-A)^{-1}Y,$$

于是，可得总产品为

$$X=\begin{pmatrix}x_1\\x_2\\x_3\end{pmatrix}=\begin{pmatrix}1.345\ 9&0.250\ 4&0.344\ 3\\0.563\ 4&1.267\ 6&0.493\ 0\\0.438\ 2&0.430\ 4&1.216\ 7\end{pmatrix}\begin{pmatrix}400\\1\ 200\\800\end{pmatrix}=\begin{pmatrix}1\ 114.28\\2\ 140.88\\1\ 665.12\end{pmatrix}.$$

7.3.2 投入产出的数学模型在调整计划方面的应用

根据最终产品（或总产品）的调整量，确定总产品（或最终产品）的调整量.

通过上例可以发现，如果某一经济系统的最终产品发生变化，就需要对该系统的总产品进行调整；如果某一经济系统的总产品发生变化，则要对该系统的最终产品进行调整.若设总产品调整量为 ΔX，最终产品调整量为 ΔY，那么

$$(E-A)(X+\Delta X)=(Y+\Delta Y),$$

由最终产品与总产品间的关系式 $Y=(E-A)X$ 或 $X=(E-A)^{-1}Y$，可得总产品的调整量与最终产品的调整量间的关系式为

$$\Delta Y=(E-A)\Delta X,$$

或

$$\Delta X=(E-A)^{-1}\Delta Y.$$

上例，如农业部门计划增加最终产品 60 亿，其他部门不变，计算各部门要增加多少总产品才能保证农业部门完成任务.

该系统农业、制造业、服务业的最终产品的调整量为 $\Delta Y=(60,0,0)^T$，则其总产品的调整量为

$$\Delta \boldsymbol{X}=(\boldsymbol{E}-\boldsymbol{A})^{-1}\Delta \boldsymbol{Y}=\begin{pmatrix}1.3459 & 0.2504 & 0.3443\\0.5634 & 1.2676 & 0.4930\\0.4382 & 0.4304 & 1.2167\end{pmatrix}\begin{pmatrix}60\\0\\0\end{pmatrix}=\begin{pmatrix}80.754\\33.804\\26.292\end{pmatrix},$$

于是总产品为

$$\boldsymbol{X}+\Delta \boldsymbol{X}=\begin{pmatrix}1000\\2000\\1500\end{pmatrix}+\begin{pmatrix}80.754\\33.804\\26.292\end{pmatrix}=\begin{pmatrix}1080.754\\2033.804\\1526.292\end{pmatrix}.$$

习　题　7

1. 表7-7是某一经济系统的投入产出表.

表　7-7　　单位:亿元

投入		产出				
		消耗部门			最终产品	总产品
		部门1	部门2	部门3		
生产部门	部门1	20	48	18	y_1	100
	部门2	30	12	54	y_2	120
	部门3	30	36	36	y_3	180
新创造价值		z_1	z_2	z_3		
总产品价值		100	120	180		

求:(1)各部门的最终产品 y_1,y_2,y_3;(2)各部门的新创造价值 z_1,z_2,z_3;(3)如果 $m_1=10,m_2=12,m_3=32$,求各部门的纯收入.

2. 完成表7-8所示的投入产出表.

表 7-8

投入		产出						
		消耗部门			最终产品			总产品
		部门1	部门2	部门3	消费	积累	合计	
生产部门	部门1	80	40	20	20		60	
	部门2	40	200	40	30			400
	部门3	20	80		30		40	200
新创造价值		60		80				
总产品价值			400					

3. 已知某一经济系统的投入产出表见表7-9.

表 7-9

产出		投入						
		消耗部门			最终产品			总产品
		农业1	工业2	其他3	消费	积累	合计	
生产部门	农业1	200	200	0	500	100	600	1 000
	工业2	200	800	300	500	200	700	2 000
	其他3	0	200	100	400	300	700	1 000
新创造价值	劳动报酬	400	350	300				
	纯收入	200	450	300				
	合计	600	800	600				
总产品价值		1 000	2 000	1 000				

求:(1)各部门的直接消耗系数;(2)各部门的完全消耗系数;(3)如果最终产品计划改为$\boldsymbol{Y}=(630,770,130)^{\mathrm{T}}$,求计划期内各部门的总产值和新创造价值及部门间流量.

本章小结

1. 投入产出的数学模型

(1)投入产出数学模型的分配平衡方程组为

$$\begin{cases} x_1=x_{11}+x_{12}+\cdots+x_{1n}+y_1 \\ x_2=x_{21}+x_{22}+\cdots+x_{2n}+y_2 \\ \cdots\cdots \\ x_n=x_{n1}+x_{n2}+\cdots+x_{nn}+y_n \end{cases}$$

或 $$x_i=\sum_{j=1}^{n}x_{ij}+y_i \quad (i=1,2,\cdots,n).$$

该方程组表示各部门产品的分配情况,即总产品的一部分作为系统内的消耗,用于补偿日常的生产性消耗,另一部分作为最终产品用来满足社会需要(消费、积累和储备等).

(2)投入产出数学模型的消耗平衡方程组为

$$\begin{cases} x_1=x_{11}+x_{21}+\cdots+x_{n1}+z_1 \\ x_2=x_{12}+x_{22}+\cdots+x_{n2}+z_2 \\ \cdots\cdots \\ x_n=x_{1n}+x_{2n}+\cdots+x_{nn}+z_n \end{cases}$$

或
$$x_j = \sum_{i=1}^{n} x_{ij} + z_j \quad (j=1,2,\cdots,n).$$
该方程组表示各部门产品的价值构成情况,即总产品价值的一部分是消耗系统内的其他部门产品的价值,另一部分是该部门新创造的价值(劳动报酬、利润和纯收入等).

2.投入产出的数学模型

(1)分配平衡方程组的解.

当 $x_1,x_2,\cdots,x_n$ 为已知时,则得解 $y_1,y_2,\cdots,y_n$ 为
$$\begin{cases} y_1 = x_1 - a_{11}x_1 - a_{12}x_2 - \cdots - a_{1n}x_n \\ y_2 = x_2 - a_{21}x_1 - a_{22}x_2 - \cdots - a_{2n}x_n \\ \cdots\cdots \\ y_n = x_n - a_{n1}x_1 - a_{n2}x_2 - \cdots - a_{nn}x_n \end{cases},$$
用矩阵形式表示为
$$\boldsymbol{Y} = (\boldsymbol{E} - \boldsymbol{A})\boldsymbol{X}.$$
当 $y_1,y_2,\cdots,y_n$ 为已知时,求 $x_1,x_2,\cdots,x_n$.$(\boldsymbol{E}-\boldsymbol{A})$可逆,所以得解
$$\boldsymbol{X} = (\boldsymbol{E} - \boldsymbol{A})^{-1}\boldsymbol{Y}.$$
$(\boldsymbol{E}-\boldsymbol{A})$和$(\boldsymbol{E}-\boldsymbol{A})^{-1}$分别称为列昂节夫矩阵和列昂节夫尼矩阵.

(2)消耗平衡方程组的解.

当 $x_1,x_2,\cdots,x_n$ 为已知时,则得解
$$z_j = (1 - \sum_{i=1}^{n} a_{ij})x_j \quad (j=1,2,\cdots,n);$$
当 $z_1,z_2,\cdots,z_n$ 为已知时,则得解
$$x_j = \frac{z_j}{1 - \sum_{i=1}^{j} a_{ij}} \quad (j=1,2,\cdots,n).$$

测试题7

1.已知一个经济系统的直接消耗系数矩阵如下:
$$\boldsymbol{A} = \begin{pmatrix} 0.20 & 0.20 & 0.30 \\ 0.14 & 0.15 & 0.25 \\ 0.16 & 0.50 & 0.18 \end{pmatrix}$$
求该系统的完全消耗系数矩阵.

2. 设某一经济系统内的直接消耗系数矩阵如下：

$$A=\begin{pmatrix}0.30 & 0.10 & 0.40\\ 0.30 & 0.30 & 0.10\\ 0.20 & 0.20 & 0.30\end{pmatrix}$$

求：(1)完全消耗系数矩阵；(2)如果最终产品计划改为 $\boldsymbol{Y}=(50,60,80)^{\mathrm{T}}$，求计划期内各部门的总产品.

3. 根据表 7-10 所示的投入产出表，对各经济部门的产出进行预测：

假设在某一年度内，工业、农业及第三产业的最后需求相同，皆为 17(单位：亿元)，问在该年度内工业、农业和第三产业产出各为多少.

表 7-10

产　业	工　业	农　业	第三产业	最后需求	总产品
工业	6	2	1	16	25
农业	2.25	1	0.2	1.55	5
第三产业	3	0.2	1.8	15	20

7. 已知某经济系统报告期的直接消耗系数矩阵为

$$A=\begin{pmatrix}0.2 & 0.2 & 0.3125\\ 0.14 & 0.15 & 0.25\\ 0.16 & 0.5 & 0.1875\end{pmatrix}$$

(1)如计划期最终产品 $\boldsymbol{Y}=(50\quad 55\quad 120)^{\mathrm{T}}$，求计划期的各部门总产品 $\boldsymbol{X}$；

(2)如计划期最终产品 $\boldsymbol{Y}=(80\quad 55\quad 120)^{\mathrm{T}}$，求计划期的各部门总产品 $\boldsymbol{X}$.

习题参考答案

习 题 1

1.(1)10； (2)1； (3)6； (4)－18； (5)－5； (6)－4.

2.(1)$x_1=-1,x_2=2$； (2)$x_1=5,x_2=2$； (3)$x_1=0,x_2=1,x_3=1$.

3.(1)12； (2)－11； (3)98； (4)－72.

4.(1)120； (2)243； (3)1.

5.(1)20； (2)－112； (3)64； (4)105； (5)72； (6)0； (7)19；
(8)－1； (9)0； (10)12； (11)0； (12)－10.

6.(1)$x_1=3,x_2=2,x_3=1$； (2)$x_1=2,x_2=-1,x_3=2$；
(3)$x_1=1,x_2=2,x_3=3,x_4=4$； (4) $x_1=1,x_2=1,x_3=2,x_4=-1$.

7.$\lambda=1$ 或－2.

测 试 题 1

一、1. －2；

2.$(-1)^{3+1}\begin{vmatrix}0 & 4\\1 & 3\end{vmatrix}$；

3.24；

4.2；

5.0；

6.系数行列式不等于零；

7.$\dfrac{23}{2}$.

二、1.B； 2.C； 3.A； 4.B； 5.B； 6.B.

三、1.(1)48； (2)－1； (3)6； (4)288.

2.$x=2$,或 $x=3$,或 $x=4$.

3.$k=1$ 或 5.

4.$\lambda=1$ 或 3.

习 题 2

1.(1)$\boldsymbol{A},\boldsymbol{B},\boldsymbol{C},\boldsymbol{E}_3/\boldsymbol{E}_2,\boldsymbol{O}/\boldsymbol{D},\boldsymbol{F}$； (2)$\boldsymbol{A},\boldsymbol{B},\boldsymbol{C},\boldsymbol{E}_3/\boldsymbol{E}_2,\boldsymbol{O}$；

(3)$\boldsymbol{C},\boldsymbol{E}_2,\boldsymbol{E}_3$； (4)$\boldsymbol{A},\boldsymbol{C}$； (5)$\boldsymbol{E}_2,\boldsymbol{E}_3$； (6)$\boldsymbol{O}$.

2.$x_1=1,x_2=1$.

3.$\begin{pmatrix}3&2&-2\\0&1&4\\2&3&4\end{pmatrix},\begin{pmatrix}4&3&-1\\-1&2&6\\1&4&7\end{pmatrix},\begin{pmatrix}-1&0&0\\-2&1&0\\0&-1&2\end{pmatrix}$.

4.(1)(10)； (2)$\begin{pmatrix}1&2&7\\4&1&6\end{pmatrix}$； (3)$\begin{pmatrix}17&17\\10&10\end{pmatrix}$； (4)$\begin{pmatrix}8&-3&21\\5&-1&17\\5&-2&14\end{pmatrix}$；

(5)$\begin{pmatrix}1&0\\8&1\end{pmatrix}$； (6)$\begin{pmatrix}1&2\\5&3\\4&1\end{pmatrix}$.

5.$\begin{pmatrix}3&6\\3&6\end{pmatrix}$, $\begin{pmatrix}-3&-6\\-6&12\end{pmatrix}$.

6.$x=2,y=3$.

7.(1)$\begin{pmatrix}-2&1\\\frac{3}{2}&-\frac{1}{2}\end{pmatrix}$； (2)$\begin{pmatrix}0&0&1\\0&\frac{1}{2}&-\frac{1}{2}\\\frac{1}{3}&-\frac{1}{3}&0\end{pmatrix}$； (3)$\begin{pmatrix}-\frac{1}{3}&0&\frac{1}{3}\\-\frac{2}{3}&1&-\frac{2}{3}\\-1&1&0\end{pmatrix}$；

(4)$\begin{pmatrix}1&-3&-2\\1&-5&-3\\-1&6&4\end{pmatrix}$.

8.$x_1=1,x_2=2,x_3=3$.

9.$\lambda\neq2$ 且 $\lambda\neq\frac{1}{2}$.

10.(1)$-\frac{1}{8}\begin{pmatrix}7&-3\\-5&1\end{pmatrix}$； (2)$\begin{pmatrix}1&-4&-3\\1&-5&-3\\-1&6&4\end{pmatrix}$.

11.略.

12.(1)3； (2)3； (3)2； (4)3.

13.(1)有唯一解； (2)有唯一解； (3)有无穷多解； (4)无解.

测 试 题 2

一、1. $\begin{pmatrix} 4 & 2 \\ 8 & 5 \end{pmatrix}$；

2. $\begin{pmatrix} \frac{1}{2} & 0 \\ 0 & \frac{1}{2} \end{pmatrix}$；

3. 16；

4. $\begin{pmatrix} 0 & 14 & -3 \\ 17 & 13 & 12 \end{pmatrix}$，$\begin{pmatrix} 0 & 17 \\ 14 & 13 \\ -3 & 12 \end{pmatrix}$；

5. $\begin{pmatrix} 2 & 3 & 4 \\ 5 & 6 & 7 \end{pmatrix}$；

6. $\begin{pmatrix} 8 & 0 & 0 \\ 0 & 8 & 0 \\ 0 & 0 & 8 \end{pmatrix}$；

7. 3×2.

二、1. B； 2. C； 3. C； 4. B； 5. C.

三、1. $\begin{pmatrix} 4 & 2 \\ 1 & 2 \end{pmatrix}$；

2. $\begin{pmatrix} 1 & 2 & 3 \\ -1 & -1 & -1 \\ 0 & -1 & -1 \end{pmatrix}$，$\begin{pmatrix} -1 & -2 & -3 \\ 1 & 1 & 1 \\ 0 & 1 & 1 \end{pmatrix}$；

3. $k\neq -1$；$k=3a-4$（a 为实数）.

习 题 3

1. $(3,-1,3,2)$，$(-1,-1,1,4)$，$(0,-2,3,-5)$.

2. $(5,14,19)$.

3. $(-8,-9,-5,2)$.

4. $(6,4,-3)$.

5. 略.

6. (1)能，$1\cdot\boldsymbol{\alpha}_1+0\cdot\boldsymbol{\alpha}_2+5\cdot\boldsymbol{\alpha}_3=\boldsymbol{\beta}$； (2)能，$1\cdot\boldsymbol{\alpha}_1+1\cdot\boldsymbol{\alpha}_2+1\cdot\boldsymbol{\alpha}_3=\boldsymbol{\beta}$；

(3)能，$0\cdot\boldsymbol{\alpha}_1-1\cdot\boldsymbol{\alpha}_2+3\cdot\boldsymbol{\alpha}_3=\boldsymbol{\beta}$；(4)不能.

7.(1)线性无关；(2)线性无关；(3)线性相关；(4)线性相关.

8.略.　9.略.　10.略.

11.(1)$r=3,\boldsymbol{\alpha}_1,\boldsymbol{\alpha}_2,\boldsymbol{\alpha}_3$；(2)$r=3,\boldsymbol{\alpha}_1,\boldsymbol{\alpha}_2,\boldsymbol{\alpha}_3$；(3)$4,\boldsymbol{\alpha}_1,\boldsymbol{\alpha}_2,\boldsymbol{\alpha}_3,\boldsymbol{\alpha}_4$.

12.(1)$r=3,\boldsymbol{\alpha}_1,\boldsymbol{\alpha}_2,\boldsymbol{\alpha}_4$；(2)$r=2,\boldsymbol{\alpha}_1,\boldsymbol{\alpha}_2$.

13.$t=4$.

测试题 3

一、1.$(8,3,-1),(1,1,3)$；

2.2,6；

3.相关，共线；

4.相关,无关；

5.$a=2b$；

6.$\boldsymbol{\alpha}=\boldsymbol{\varepsilon}_1+3\boldsymbol{\varepsilon}_2+5\boldsymbol{\varepsilon}_3+7\boldsymbol{\varepsilon}_4$；

7.线性相关；

8.-1.

二、1.B；2.B；3.C；4.D；5.D；6.C；7.A.

三、1.$(7,4,6,12)$.

2.(1)是,$\boldsymbol{\beta}=2\boldsymbol{\varepsilon}_1+5\boldsymbol{\varepsilon}_2+3\boldsymbol{\varepsilon}_3$；(2)是,$\boldsymbol{\beta}=\boldsymbol{\alpha}_1+2\boldsymbol{\alpha}_2+\boldsymbol{\alpha}_3$；(3)不是.

3.(1)线性无关；(2)线性相关.

4.(1)$r=3,\boldsymbol{\alpha}_1,\boldsymbol{\alpha}_2,\boldsymbol{\alpha}_3$；(2)$r=2,\boldsymbol{\alpha}_1,\boldsymbol{\alpha}_2$.

5.$k=0$.

6.(1)$a=-4$；(2)$a=-4$ 或$\frac{3}{2}$.

7.略.

习　题　4

1.(1)无解；(2)$x_1=3,x_2=1,x_3=-1$；

(3)$x_1=-3C,x_2=2C+1,x_3=C$(C 为任意常数)；

(4)$x_1=-1,x_2=-1,x_3=0,x_4=1$.

2.(1)有唯一解；(2)有无穷多解；(3)有非零解；(4)只有零解.

3.$\lambda=1$.

4.略.

5.(1)$k\begin{pmatrix}-4\\-1\\1\end{pmatrix}$；(2)$k_1\begin{pmatrix}-\frac{7}{13}\\\frac{5}{13}\\1\\0\end{pmatrix}+k_2\begin{pmatrix}\frac{3}{13}\\-\frac{4}{13}\\0\\1\end{pmatrix}$.

6.(1)$\begin{pmatrix}-1\\2\\0\\0\end{pmatrix}+k_1\begin{pmatrix}-8\\7\\1\\0\end{pmatrix}+k_2\begin{pmatrix}5\\-2\\0\\1\end{pmatrix}$；(2)$\begin{pmatrix}-2\\1\\0\\0\end{pmatrix}+k_1\begin{pmatrix}-4\\2\\1\\0\end{pmatrix}+k_2\begin{pmatrix}3\\-1\\0\\1\end{pmatrix}$.

测试题4

一、1. -1或2；

2. 1；

3. $\boldsymbol{\xi}+\boldsymbol{\eta}$；

4. $\boldsymbol{\xi}_1-\boldsymbol{\xi}_2$；

5. 3；

6. 6；

7. $\boldsymbol{\xi}+k_1\boldsymbol{\eta}_1+k_2\boldsymbol{\eta}_2$.

二、1. C； 2. D； 3. D； 4. A； 5. B； 6. D.

三、(1) $k_1\begin{pmatrix}1\\-1\\1\\0\end{pmatrix}+k_2\begin{pmatrix}9\\-4\\0\\1\end{pmatrix}$； (2) $k_1\begin{pmatrix}-6\\2\\1\\0\end{pmatrix}+k_2\begin{pmatrix}9\\-4\\0\\1\end{pmatrix}$； (3)$k\begin{pmatrix}3\\-\frac{8}{3}\\0\\1\end{pmatrix}$；

(4)$k_1\begin{pmatrix}-\frac{16}{7}\\\frac{6}{7}\\1\\0\end{pmatrix}+k_2\begin{pmatrix}-\frac{50}{7}\\\frac{3}{7}\\0\\1\end{pmatrix}$； (5)$\begin{pmatrix}1\\1\\0\\0\end{pmatrix}+k_1\begin{pmatrix}-5\\4\\1\\0\end{pmatrix}+k_2\begin{pmatrix}-3\\2\\0\\1\end{pmatrix}$；

(6)$\begin{pmatrix}\frac{17}{7}\\-\frac{2}{7}\\0\\0\end{pmatrix}+k_1\begin{pmatrix}\frac{1}{7}\\\frac{4}{7}\\1\\0\end{pmatrix}+k_2\begin{pmatrix}-\frac{33}{7}\\\frac{1}{7}\\0\\1\end{pmatrix}$.

四、$\lambda=1$ 或 -2 时，有无穷多解；$\lambda\neq1$ 且 $\lambda\neq-2$ 时无解；不存在无解的情况。

习　题　5

1. (1) $\lambda_1=5,\boldsymbol{\alpha}_1=(1,1)^{\mathrm{T}};\lambda_2=1,\boldsymbol{\alpha}_2=(3,-1)^{\mathrm{T}}$.

(2) $\lambda_1=-1,\boldsymbol{\alpha}_1=(1,-1,0)^{\mathrm{T}};\lambda_2=1,\boldsymbol{\alpha}_2=(1,-1,1)^{\mathrm{T}};\lambda_3=3,\boldsymbol{\alpha}_3=(0,1,-1)^{\mathrm{T}}$.

(3) $\lambda_1=-1,\boldsymbol{\alpha}_1=(-3,2,0,0)^{\mathrm{T}};\lambda_2=1,\boldsymbol{\alpha}_2=(1,0,0,0)^{\mathrm{T}};\lambda_3=2$（二重），$\boldsymbol{\alpha}_3=(6,1,3,0)^{\mathrm{T}}$.

(4) $\lambda_1=6,\boldsymbol{\alpha}_1=(1,-2,3)^{\mathrm{T}};\lambda_3=2$（二重），$\boldsymbol{\alpha}_2=(1,-1,0)^{\mathrm{T}},\boldsymbol{\alpha}_3=(1,0,1)^{\mathrm{T}}$.

(5) $\lambda_1=1,\boldsymbol{\alpha}_1=(-1,0,1)^{\mathrm{T}};\lambda_3=2$（二重），$\boldsymbol{\alpha}_2=(1,0,0)^{\mathrm{T}},\boldsymbol{\alpha}_3=(0,-1,1)^{\mathrm{T}}$.

(6) $\lambda_1=2,\boldsymbol{\alpha}_1=(0,0,1)^{\mathrm{T}};\lambda_3=1$（二重），$\boldsymbol{\alpha}_2=(-1,-2,1)^{\mathrm{T}}$.

2. $\lambda_0^2+2\lambda_0-1$.

3. (1) $\boldsymbol{\beta}_1=(1,-1,1)^{\mathrm{T}},\boldsymbol{\beta}_2=(0,1,1)^{\mathrm{T}},\boldsymbol{\beta}_3=\left(1,\frac{1}{2},-\frac{1}{2}\right)$;

(2) $\boldsymbol{\beta}_1=(1,2,2,-1)^{\mathrm{T}},\boldsymbol{\beta}_2=(2,3,-3,2)^{\mathrm{T}},\boldsymbol{\beta}_3=(2,-1,-1,-2)$.

4. $\begin{pmatrix}1&0&5^{100}-1\\0&5^{100}&0\\0&0&5^{100}\end{pmatrix}$.

5. (1) $\boldsymbol{Q}=\frac{1}{3}\begin{pmatrix}1&2&2\\2&1&-2\\2&-2&1\end{pmatrix},\boldsymbol{Q}^{\mathrm{T}}\boldsymbol{A}\boldsymbol{Q}=\begin{pmatrix}-2&&\\&1&\\&&4\end{pmatrix}$;

(2) $\boldsymbol{Q}=\begin{pmatrix}\frac{1}{\sqrt{2}}&\frac{1}{\sqrt{6}}&\frac{1}{\sqrt{3}}\\-\frac{1}{\sqrt{2}}&\frac{1}{\sqrt{6}}&\frac{1}{\sqrt{3}}\\0&-\frac{2}{\sqrt{6}}&\frac{1}{\sqrt{3}}\end{pmatrix},\boldsymbol{Q}^{\mathrm{T}}\boldsymbol{A}\boldsymbol{Q}=\begin{pmatrix}0&&\\&0&\\&&3\end{pmatrix}$;

(3) $\boldsymbol{Q}=\begin{pmatrix}\frac{1}{\sqrt{3}}&\frac{1}{\sqrt{2}}&\frac{1}{\sqrt{6}}\\-\frac{1}{\sqrt{3}}&0&\frac{2}{\sqrt{6}}\\\frac{1}{\sqrt{3}}&-\frac{1}{\sqrt{2}}&\frac{1}{\sqrt{6}}\end{pmatrix},\boldsymbol{Q}^{\mathrm{T}}\boldsymbol{A}\boldsymbol{Q}=\begin{pmatrix}1&&\\&2&\\&&4\end{pmatrix}$;

(4)$\boldsymbol{Q}=\begin{pmatrix} -\frac{1}{\sqrt{5}} & \frac{4}{3\sqrt{5}} & \frac{2}{3} \\ \frac{2}{\sqrt{5}} & -\frac{2}{3\sqrt{5}} & \frac{1}{3} \\ 0 & \frac{5}{3\sqrt{5}} & \frac{2}{3} \end{pmatrix},\boldsymbol{Q}^{\mathrm{T}}\boldsymbol{A}\boldsymbol{Q}=\begin{pmatrix} -3 & & \\ & -3 & \\ & & 6 \end{pmatrix}$.

测 试 题 5

一、1. 4；

2. $\frac{1}{2}$；

3. $\frac{4}{3}$.

二、1. D；　2. C；　3. D；　4. B.

三、1. $\lambda_1=1,\boldsymbol{\alpha}_1=(1,0,0)^{\mathrm{T}};\lambda_2=5,\boldsymbol{\alpha}_2=(0,-1,1)^{\mathrm{T}};\lambda_3=10,\boldsymbol{\alpha}_3=(0,4,1)^{\mathrm{T}}$.

2. $x=4,y=5;\boldsymbol{P}=\begin{pmatrix} \frac{1}{2} & \frac{2}{3} & \frac{1}{\sqrt{18}} \\ 0 & \frac{1}{3} & -\frac{4}{\sqrt{18}} \\ -\frac{1}{\sqrt{2}} & \frac{2}{3} & \frac{1}{\sqrt{18}} \end{pmatrix}$.

3. 略.

4. $\boldsymbol{A}=\begin{pmatrix} 1 & 0 & 0 \\ 0 & -4 & 2 \\ 0 & -10 & 5 \end{pmatrix}$

5. $\boldsymbol{P}=\frac{1}{\sqrt{30}}\begin{pmatrix} \sqrt{5} & -2\sqrt{6} & -1 \\ 2\sqrt{5} & \sqrt{6} & -2 \\ \sqrt{5} & 0 & 5 \end{pmatrix},\boldsymbol{Q}^{\mathrm{T}}\boldsymbol{A}\boldsymbol{Q}=\begin{pmatrix} 6 & & \\ & 0 & \\ & & 0 \end{pmatrix}$.

6. $a=0,b=1,\boldsymbol{P}=\begin{pmatrix} 1 & 0 & 0 \\ 0 & 1 & 1 \\ 0 & 1 & -1 \end{pmatrix}$.

习　题　6

1. $\begin{pmatrix} 1 & 1 & 2 \\ 1 & 1 & 3 \\ 2 & 3 & 1 \end{pmatrix}$.

2. (1)$a=b=0$；　(2)$\boldsymbol{Q}=\begin{pmatrix} -\frac{1}{\sqrt{2}} & 0 & \frac{1}{\sqrt{2}} \\ 0 & 1 & 0 \\ \frac{1}{\sqrt{2}} & 0 & \frac{1}{\sqrt{2}} \end{pmatrix}$.

3. 略.

4. 规范形为 $f=z_1^2-z_2^2+z_3^2$，所用的非退化线性变换为 $\boldsymbol{x}=\boldsymbol{C}\boldsymbol{z}$，$\boldsymbol{C}=\begin{pmatrix} 1 & \frac{3}{\sqrt{7}} & \frac{2}{3\sqrt{7}} \\ 0 & \frac{1}{\sqrt{7}} & \frac{1}{\sqrt{7}} \\ 0 & 0 & \frac{\sqrt{7}}{3} \end{pmatrix}$.

测试题 6

一、1. $\begin{pmatrix} 1 & -1 & 0 \\ -1 & 4 & 2 \\ 0 & 2 & 0 \end{pmatrix}$.

2. 12.

二、1. B；　2. D；　3. C；　4. D.

三、1. $y_1^2-y_2^2$.

2. $-y_1^2-y_2^2+5y_3^2$.

3. $\boldsymbol{\Lambda}=\begin{pmatrix} (k+2)^2 & 0 & 0 \\ 0 & (k+2)^2 & 0 \\ 0 & 0 & k^2 \end{pmatrix}$；$k\neq 0$，$k\neq 2$.

习　题　7

1.(1)14,24,78；(2)20,24,72；(3)10,12,40

2.

投　入		产　出						
		消耗部门			最终产品			总产品
		部门1	部门2	部门3	消　费	积　累	合　计	
生产部门	部门1	80	40	20	20	40	60	200
	部门2	40	200	40	30	90	120	400
	部门3	20	80		30	10	40	200
新创造价值		60	80	80				
总产品价值		200	400	200				

3.(1)$\boldsymbol{A}=\begin{pmatrix}0.20 & 0.10 & 0\\ 0.20 & 0.40 & 0.30\\ 0 & 0.10 & 0.10\end{pmatrix}$；(2)$\boldsymbol{C}=\begin{pmatrix}0.307 & 0.23 & 0.076\\ 0.461 & 0.846 & 0.615\\ 0.055 & 0.205 & 0.179\end{pmatrix}$；

(3)$\boldsymbol{X}=(1\,056\quad 2\,160\quad 1\,053)^{\mathrm{T}}$,$\boldsymbol{Z}=(656\quad 960\quad 653)^{\mathrm{T}}$.

测试题 7

1.$\boldsymbol{C}=\begin{pmatrix}0.567\,8 & 0.860\,5 & 0.835\,9\\ 0.424\,2 & 0.666\,4 & 0.663\\ 0.564\,6 & 1.184\,0 & 0.567\,8\end{pmatrix}$.

2.(1)$\boldsymbol{C}=\begin{pmatrix}1.079 & 0.663 & 1.283\\ 1.017 & 0.814 & 0.840\\ 0.884 & 0.707 & 1.035\end{pmatrix}$；(2)$\boldsymbol{X}=(246\quad 227\quad 142)^{\mathrm{T}}$.

3.工业总产出为37.61亿元、农业总产出为25.77亿元、第三产业总产出为27.96亿元,才能满足该年度内工业、农业、第三产业最后需求均为17亿元.

4.(1)$\boldsymbol{X}=(240\quad 195\quad 300)^{\mathrm{T}}$；(2)$\boldsymbol{X}=(286\quad 210\quad 336)^{\mathrm{T}}$.

参 考 文 献

[1]赵志新,徐明华.线性代数[M].北京:高等教育出版社,2018.
[2]寿纪麟,魏战线.线性代数[M].西安:西安交通大学出版社,2007.
[3]同济大学数学系.工程数学:线性代数[M].北京:高等教育出版社,2018.
[4]赵树嫄.线性代数[M].北京:中国人民大学出版社,1997.